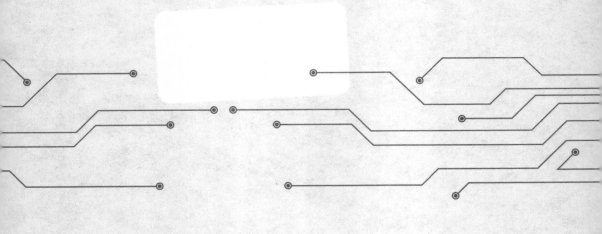

铜、镍基电极材料的构筑及其超电性能研究

柴东凤 郭东轩 吕君 王超 著

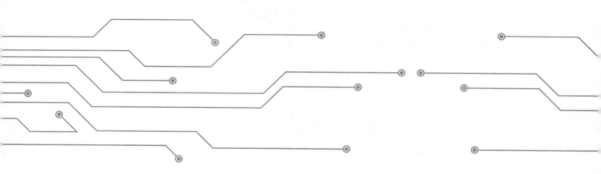

黑龙江大学出版社
HEILONGJIANG UNIVERSITY PRESS
哈尔滨

图书在版编目（CIP）数据

铜、镍基电极材料的构筑及其超电性能研究 / 柴东凤等著． -- 哈尔滨：黑龙江大学出版社，2024.4（2025.3重印）
ISBN 978-7-5686-1034-6

Ⅰ．①铜… Ⅱ．①柴… Ⅲ．①电容器－电极－材料－研究 Ⅳ．① TM53

中国国家版本馆CIP数据核字（2023）第188319号

铜、镍基电极材料的构筑及其超电性能研究
TONG、NIE JI DIANJI CAILIAO DE GOUZHU JI QI CHAODIAN XINGNENG YANJIU
柴东凤　郭东轩　吕　君　王　超　著

责任编辑	李　卉
出版发行	黑龙江大学出版社
地　　址	哈尔滨市南岗区学府三道街36号
印　　刷	三河市金兆印刷装订有限公司
开　　本	720毫米×1000毫米　1/16
印　　张	12.5
字　　数	208千
版　　次	2024年4月第1版
印　　次	2025年3月第2次印刷
书　　号	ISBN 978-7-5686-1034-6
定　　价	49.80元

本书如有印装错误请与本社联系更换，联系电话：0451-86608666。

版权所有　侵权必究

前　言

超级电容器由于具有循环寿命长、充放电速度快等优点,能较好地满足21世纪对能量存储装置高功率的需求。电极材料作为核心部件,决定着超级电容器电荷存储能力的强弱。目前电极材料的研发是超级电容器研究的主要方向,在实际生产中电极材料普遍存在成本高、制备流程复杂及性能较差的缺点。因此开发安全环保、价格低廉及性能优异的电极材料迫在眉睫。

本书内容基于多金属氧酸盐基超级电容器电极材料的发展脉络和镍钴基材料在超级电容器领域的发展现状,旨在为广大读者提供超级电容器电极材料的基础知识。

全书共8章。第1章概述了超级电容器以及多金属氧酸盐基复合物和镍钴基复合物在超级电容器领域的研究现状。第2~5章分别介绍了偏钨酸基铜、硅钨酸基铜、磷钨酸基铜和磷钼酸基铜有机框架的制备及其超电性能。第6、7章分别研究了金属有机框架衍生的多孔镍硫化物和多孔碳表面氧缺陷型钴酸镍的制备及其超电性能。第8章介绍了煤沥青树脂基多孔炭的制备及其超电性能研究。本书由齐齐哈尔大学柴东凤、郭东轩、吕君和王超编写,其中,第1~5章及部分辅文由柴东凤编写,约12万字,第6章及部分辅文由郭东轩和王超编写,约2.8万字,第7章和第8章及部分辅文由吕君编写,约6万字。

本书是在国家自然科学基金(22205125)、黑龙江省省属高等学校基本科研业务费科研项目(135409207、145309609)研究的基础上,结合笔者近年从事过渡金属在电化学方向的研究,同时参考大量国内外相关文献积累的成果。

本书适用于化学、材料学等本科专业,也可以供此专业的应用技术人员参考使用。由于编者水平有限,书中疏漏和不当之处在所难免,恳请读者批评指正。

2023年6月

目 录

第1章 绪 论 ... 1
1.1 研究背景 ... 1
1.2 超级电容器的概述 ... 2
1.3 多酸在超级电容器领域的应用 ... 9
1.4 镍基化合物在超级电容器领域的应用 ... 22

第2章 偏钨酸基铜有机框架材料制备及其超电性能研究 ... 27
2.1 引言 ... 27
2.2 偏钨酸基铜有机框架材料的制备 ... 28
2.3 偏钨酸基铜有机框架材料的表征 ... 29
2.4 偏钨酸基铜有机框架材料的超电性能研究 ... 40
2.5 偏钨酸基铜有机框架材料结构与超电性能的关系 ... 49
2.6 本章小结 ... 50

第3章 硅钨酸基铜有机框架材料制备及其超电性能研究 ... 51
3.1 引言 ... 51
3.2 硅钨酸基铜有机框架材料的制备 ... 52
3.3 硅钨酸基铜有机框架材料的表征 ... 53
3.4 硅钨酸基铜有机框架材料的超电性能研究 ... 61
3.5 硅钨酸基铜有机框架材料结构与超电性能的关系 ... 68
3.6 本章小结 ... 69

第4章 磷钨酸基铜有机框架材料制备及其超电性能研究 ... 70
4.1 引言 ... 70
4.2 磷钨酸基铜有机框架材料的制备 ... 71

4.3 磷钨酸基铜有机框架材料的表征 …………………………………… 72
4.4 磷钨酸基铜有机框架材料的超电性能研究 …………………………… 83
4.5 磷钨酸基铜有机框架材料结构与超电性能的关系 …………………… 90
4.6 本章小结 …………………………………………………………… 91

第5章 磷钼酸基铜有机框架材料制备及其超电性能研究 …………… 92
5.1 引言 ………………………………………………………………… 92
5.2 磷钼酸基铜有机框架材料的制备 …………………………………… 93
5.3 磷钼酸基铜有机框架材料的表征 …………………………………… 94
5.4 磷钼酸基铜有机框架材料的超电性能研究 ………………………… 101
5.5 磷钼酸基铜有机框架材料结构与超电性能的关系 ………………… 110
5.6 本章小结 ………………………………………………………… 111

第6章 基于金属有机框架模板制备的空心多孔镍硫化物及超电性能研究 …………………………………………………………………… 112
6.1 引言 ……………………………………………………………… 112
6.2 在泡沫镍表面制备 $NiCo_2S_4$ 阵列 ……………………………… 113
6.3 $NiCo_2S_4$ 的物理表征及分析 …………………………………… 114
6.4 $NiCo_2S_4$ 的超电性能分析 ……………………………………… 120
6.5 本章小结 ………………………………………………………… 124

第7章 烟灰衍生多孔碳表面氧缺陷型钴酸镍制备及其超电性能研究 …………………………………………………………………… 126
7.1 引言 ……………………………………………………………… 126
7.2 O_v–NCO/PC–X 复合材料的制备 ……………………………… 127
7.3 O_v–NCO/PC–0.1 复合材料的表征 …………………………… 127
7.4 O_v–NCO/PC–0.1 复合材料的超电性能研究 ………………… 136
7.5 本章小结 ………………………………………………………… 140

第8章 中低温煤沥青树脂基多孔炭的制备及其超电性能研究 ……… 142
8.1 引言 ……………………………………………………………… 142
8.2 多孔炭的制备 …………………………………………………… 142

8.3 多孔炭的表征 …………………………………………………… 143
8.4 多孔炭的超电性能研究 …………………………………………… 151
8.5 与中低温煤沥青基多孔炭的对比研究 …………………………… 156
8.6 本章小结 …………………………………………………………… 165
参考文献 ……………………………………………………………… 166

第1章 绪 论

1.1 研究背景

随着全球经济迅速发展,传统化石燃料遭到过度开采,生态环境的污染日益加重,解决能源问题迫在眉睫。近年来人们已经开发了多种可再生能源,如风能、太阳能、地热能和潮汐能,这些能源的开发为人类的可持续发展带来了新的希望。然而,由于季节交替、地理位置和时间分布的不平衡,这些新开发的能源在实际的应用中遇到很大的阻碍。在众多已被研发的储能装置中,电化学能源存储设备由于其响应速度快、操作简单灵活、储能效率高和使用不受限于地理条件的优点引起了广泛关注。其中,电化学电容器和电池成为两种常用的电化学储能器件。功能材料的性质与储能器件的性能是密切相关的,因此设计研发先进的功能材料对电化学储能器件的发展具有重要意义。

超级电容器由于具有循环寿命长(>100000次)、充放电速度快等优点而被广泛关注和研究。与传统的静电电容器相比,超级电容器在表现出较高的功率密度的同时兼具相对较高的能量密度。超级电容器的研发大大减少了内燃机的使用,进而能够降低各种化石燃料的用量,这样不仅节省了能源,还减少了废气的排放。由于超级电容器具有低温性能好和循环寿命长等优点,将其应用于汽车,在改善启动、加速和爬坡等性能的同时,还能降低维护成本。因此,超级电容器在电动汽车行业具有良好的应用前景。电极材料作为核心部件,决定着超级电容器电荷存储能力的强弱。目前电极材料的研发是超级电容器的主要研究方向,但在实际生产中电极材料普遍存在成本高、制备流程复杂及性能较差的缺点。因此开发安全环保、价格低廉及性能优异的电极材料迫在眉睫。

▶ 铜

1.2 超级电容器的概述

1.2.1 超级电容器的简介

超级电容器(也称电化学电容器)的储能特性介于传统电容器和二次电池之间。相比二次电池,它具有更高的功率密度;相比传统电容器,它具有更高的能量密度。

传统电容器仅通过活性物质与电解液之间形成的界面双电层来存储电荷,充放电循环上万次依然稳定,过程中不经过任何化学反应,致使能量密度较低;而二次电池会因为充放电过程中电极上的活性物质发生过度的氧化还原反应造成体积膨胀,存在一定的安全隐患,同时,二次电池在快速充放电过程中容量的衰减较快,导致其功率密度不高。基于此,超级电容器在学术界和工业界引起了极大的关注。

1.2.2 超级电容器的分类

超级电容器根据储能机理可分为双电层电容器、法拉第赝电容器和混合型超级电容器。双电层电容器的电荷存储机制是电极材料在充放电过程中吸附/脱附电解液中的离子进行电荷存储,属于物理过程,但是其能量密度受限于电极材料的比表面积,而要想使电极材料存储更多的电荷、获得更大的能量密度,提高电极材料的比表面积是重要的研究方向。法拉第赝电容器在工作时电极活性材料发生电化学氧化还原反应,发生电子转移,从而进行电荷的存储。混合型超级电容器是基于双电层电容器和法拉第赝电容器的混合。

(1)双电层电容器

双电层电容产生于物理的静电作用,即电荷在界面处发生可逆的吸附、脱附作用进行能量的储存,是一个物理过程(图1-1)。在充电状态下,电解液中的阴阳离子分别聚集在两个固体电极的表面,形成双电层,产生电容效应。在放电状态下,阴阳离子离开固体电极的表面,返回电解液中,同时在外电路中产生电流。其储能过程是物理过程,没有化学反应,并且该过程完全可逆。在产生双电层电容的过程中,电荷快速迁移发生吸附/脱附,而不涉及化学反应,使得双电层电容器具有快速的充放电速度和良好的循环稳定性。双电层电容器的电极器多为碳材料,以商业应用最为广泛的活性炭为代表。多孔结构可以显著提高碳电极的比表面积,高电导率可以显著提高电荷传递的速度,同时浸润性能良好。因此,使用碳材料可以制备出电容性能优异的电极。

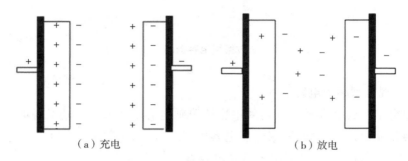

(a) 充电　　　　　　　　　(b) 放电

图 1-1　双电层电容器的工作原理图

(2) 法拉第赝电容器

法拉第赝电容产生于电极材料表面或近表面(几个原子层厚度)发生的法拉第过程,即快速、可逆的氧化还原反应(图 1-2)。在充电状态下,电解液中的离子在外加电场的作用下扩散到电极/溶液界面,而后通过界面的电化学反应进入电极表面活性氧化物的体相中;若电极材料是具有高比表面积的氧化物,就会有相当多的这样的电化学反应发生,大量的电荷就被储存在电极中。在放电状态下,这些进入氧化物中的离子又会重新回到电解液中,同时所储存的电荷通过外电路释放出来。法拉第赝电容器通过法拉第反应在电极材料的表面及近表面储存电荷,因此具有较高的能量密度,但相应的功率密度较低且循环寿命较短。在电化学反应的时间尺度上,赝电容材料的电荷分布与双电层电容类似,即储存电荷量与工作电势之间表现出线性关系,这主要是由于氧化还原过程的反应速度快且不受扩散的控制。因此,赝电容材料的电化学曲线与双电层电容材料类似,循环伏安曲线接近矩形,恒流充放电曲线则近似直线。

▶ 铜

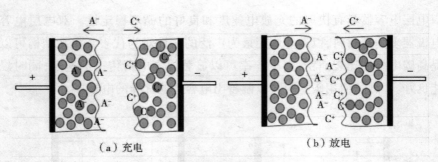

图1-2 法拉第赝电容器的工作原理图

(3)混合型超级电容器

混合型超级电容器是一侧采用法拉第赝电容电极并通过电化学反应来储存和转化能量,另一侧通过双电层电容电极来储存能量的一种超级电容器,如图1-3所示。混合型超级电容器是电容器研究的热点。在超级电容器的充放电过程中,正负极的储能机理不同,因此其具有双电层电容器和电池的双重特征。混合型超级电容器的充放电速度、功率密度、内阻、循环寿命等性能主要由电池电极决定,同时充放电过程中其电解液体积和浓度会发生改变。

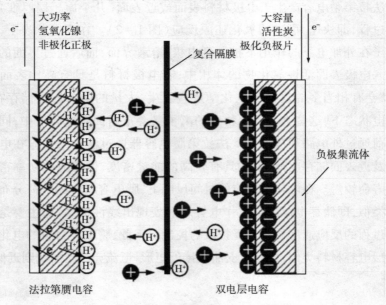

图1-3 混合型超级电容器的工作原理图

1.2.3 超级电容器的结构

超级电容器主要由电极、电解液和隔膜组成,如图1-4所示。

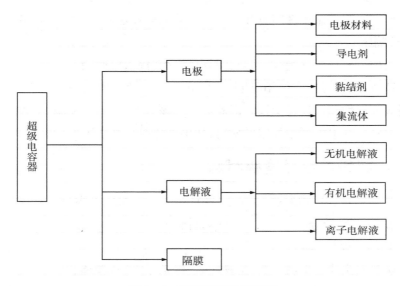

图1-4 超级电容器结构图

(1)电极

电极除包括电极材料本身外,还包括导电剂、黏结剂和集流体。导电剂的作用是增强电极材料导电性,常见的导电剂包括导电炭黑、乙炔黑和导电石墨。黏结剂的作用是使电极材料更好地固定在集流体表面,常见的黏结剂包括羧甲基纤维素钠(CMC)、羧基丁苯胶乳(SBR)、聚偏氟乙烯(PVDF)和聚四氟乙烯(PTFE)。集流体的主要作用是降低电极体系的内阻,要求与电极材料的接触面积尽可能大,在电解液中性质稳定,不参与化学反应。根据电解液的不同可选择合适的集流体材料,如钛材料(酸性电解液)、泡沫镍(碱性电解液)和铝材料(有机/离子电解液)。

(2)电解液

电解液的主要作用是提供体系所需的阴、阳离子。电解液主要包括水体系电解液(酸性、中性、碱性)、有机体系电解液和离子液体体系电解液。水体系电解液的优势是导电性高、成本低且安全无毒,劣势是电压范围窄且具有强酸碱腐蚀性。有机体系电解液的优势是电压范围宽、对器件腐蚀性小,劣势是成本高、毒性高。离子液体体系电解液的优势是电压范围宽、稳定性高、耐受温度区间宽,劣势是成本高、环境不友好、黏稠度高、导电性差。因此,寻求电压范围宽、安全环保、耐受温度区间宽和导电性高的电解液是该领域的发展趋势。

(3)隔膜

隔膜的主要作用是绝缘,即当其与电极一起浸入电解液时防止正负电极直接接触造成短路;另一个作用是隔离,即允许电解液自由通过但不允许正负电极材料表面活性物质进行交换。因此隔膜应该选择绝缘、电阻低、润湿效果好、隔离能力强且在电解液中稳定的材料,如聚丙烯或纤维素等。

1.2.4 超级电容器电极材料

电极材料是超级电容器的核心,并且是决定超级电容器性能的关键因素,其主要分为三类:碳基材料、金属氧化物材料和导电聚合物材料。

(1)碳基材料

碳基材料主要包括活性炭、生物质碳、碳纳米管、石墨烯和碳气凝胶等。该类电极材料比表面积高,从而有利于电子传输;循环稳定性好,有利于倍率特性的保持。受到电解液溶剂分解电压的限制,电容器的工作电压在水系溶剂中为1 V左右,而在非水系中可达到3.5 V。因此目前提高能量密度是碳电极材料的研究核心,主要手段为提高碳材料的比表面积、优化孔结构以及化学修饰等。

活性炭是最早应用在超级电容器领域的碳材料。活性炭的比表面积高,实用性强,成本低并且生产制备工艺成熟,是应用最为广泛的电极材料。活性炭的比电容一般为 200 $F \cdot g^{-1}$,最高比电容可达 500 $F \cdot g^{-1}$。影响活性炭性能的主要因素有炭化及活化条件、孔分布情况、表面官能团、杂质等。活性炭表面含氧官能团的存在会降低材料的导电性;高浓度的羧基会导致漏电电流增大,进而使得储存性能变差,还会导致静态电位升高,使得材料更易析氧,电极性能变得不稳定。所以,使用恰当的方法处理活性炭表面含氧官能团才能改善超级电容器的性能。

碳纳米管(CNT)因其独特的管状多孔结构、优异的导电性和机械性能引起了科研工作者浓厚的研究兴趣。碳纳米管包括单壁碳纳米管(SWCNT)和多壁碳纳米管(MWCNT)。碳纳米管具有电阻率低、导电性能高、稳定性高等特点，是合适的超级电容器电极材料。例如，直径约为 25 nm、比表面积为 69.5 $m^2 \cdot g^{-1}$ 垂直排列的碳纳米管的比电容为 14.1 $F \cdot g^{-1}$，表现出良好的倍率性能，并且由于具有较大的孔隙、较规则的孔隙结构和丰富的导电途径，因此性能优于相互缠结的碳纳米管。与传统碳材料相比，碳纳米管活性粒子的渗透效率更高；由碳纳米管缠结形成的开放介孔网络结构有利于电解液离子快速扩散到复合物的表面；碳纳米管材料具有较大的弹性，复合电极可以缓解在持续充放电过程中体积的大幅度变化，进而提高循环稳定性。前两个性能可以降低等效串联电阻，从而提高功率密度。

石墨烯是一种具有出色应用前景的超级电容器电极材料。石墨烯表现出极高的导热性、电导率和机械强度。石墨烯具有超高的比表面积，最高比表面积可达 2675 $m^2 \cdot g^{-1}$，并且具有优异的电容性（21 $\mu F \cdot cm^{-2}$）。石墨烯在超级电容器领域中的另一个优势是两个主要表面都可以被电解液接触。化学修饰的石墨烯作为超级电容器电极材料，在水溶液和有机电解液中分别展示出 135 $F \cdot g^{-1}$ 和 99 $F \cdot g^{-1}$ 的比电容。通过微波辐照或直接加热氧化石墨烯悬浮液得到的剥离的还原氧化石墨烯，在水溶液和有机电解液中分别展示出 190 $F \cdot g^{-1}$ 和 120 $F \cdot g^{-1}$ 的比电容。通过高温热膨胀氧化石墨烯或者在低温下真空干燥得到的石墨烯已经广泛用于超级电容器。但是石墨烯也存在着不可避免的问题：在石墨烯片层的制备和后续电极制备过程中会发生堆叠或聚集；石墨烯间孔的尺寸不利于电解液离子的扩散，并且也不能为电解液离子的吸附提供足够多的活性位点。

（2）金属氧化物材料

该类材料与碳基材料不同，过渡金属氧化物通过高度可逆的氧化还原反应进行电荷存储，具有高能量密度和高比电容，因此通常被用作法拉第赝电容器电极材料。然而金属氧化物电导率低、循环稳定性差和活性位点不足等缺点限制了其进一步应用。其中，RuO_2 导电性好于一般的碳材料，但成本太高限制了其应用。因此，为了寻找可以替代 RuO_2 的材料，人们重点关注一些含有 Mn、Fe、V、Ni 和 Co 等的金属氧化物和氢氧化物。它们的比电容较高（是碳材料的 10~100 倍），且具有较好的循环稳定性。但是结构致密、电压范围太窄、导电性差也限制了它们的发展。国内外研究学者通过制备纳米片、纳米棒、纳米环、中

▶ 铜

空纳米球、分级多孔纳米花等规则形貌和缺陷、掺杂、异质结等结构来提高金属氧化物的电化学性能。通过这些方法材料获得了高比表面积、较高的离子/电子传输速率和丰富的电化学活性位点。例如，以超薄钴酸镍（$NiCo_2O_4$）纳米片作为锌离子电池阴极材料，由于通过部分还原法引入的大量氧空位和磷酸根离子提供了丰富的活性位点，因此该材料具有较高的能量密度。马慧媛以甘油钴为前驱体，通过氢氧化钠刻蚀制备了核壳结构的四氧化三钴微球（图1-5）。空心核壳结构提供了丰富的活性位点，加速了电解液离子的扩散，同时空心结构有效缓冲了在反复充放电过程中电极材料的体积膨胀或收缩，保证了四氧化三钴优异的循环稳定性。

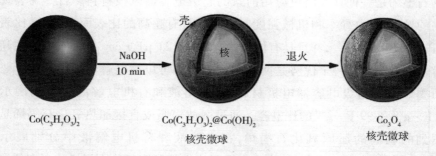

图1-5 核壳结构四氧化三钴微球的合成工艺示意图

（3）导电聚合物材料

导电聚合物材料具有优异的导电性、较低的成本和较高的比电容等优势。常见的导电聚合物如聚苯胺（PAni）、聚吡咯（PPy）、聚噻吩（PEDOT）及其相应的衍生物，由于活性材料内部能够发生可逆掺杂/去掺杂反应，因此具有较强的电荷存储能力，被广泛应用于超级电容器领域。导电聚合物中起主要作用的是材料表面及内部发生的 n 型或 p 型掺杂或去掺杂过程。其中，聚苯胺和聚吡咯只能发生 p 型掺杂，因为它们的 n 型掺杂电位远低于普通电解液的还原电位，因此电解液一般为质子溶剂、酸性溶液或质子型离子液体。聚噻吩及其衍生物具有 p 型和 n 型两种掺杂形式，然而，这些聚合物在还原态表现出较低的电导率和比电容。因此，它们通常与碳基材料复合作为正极材料。聚苯胺要求质子能正确地充电和放电，因此电解液为质子溶剂、酸性溶液或质子型离子液体。所有的导电聚合物只能在一个严格的电压范围内工作，除此之外，聚合物可能在更正的电位下发生分解,而当电位过负时,聚合物可能会切换到绝缘状态(未掺杂状态),因此选择合适的电压区间对于测试其超级电容器性能非常重要。

1.3 多酸在超级电容器领域的应用

1.3.1 多酸的简介

多金属氧酸盐(POM),又称多酸,是一类多核金属氧簇化合物,属于无机化学领域的重要分支之一,主要是由过渡金属 W、Mo、V 等通过氧原子相互连接构成的多阴离子氧簇。12-钼磷酸铵 $(NH_4)_3PMo_{12}O_{40} \cdot nH_2O$ 是首例报道的多酸,从此开启了多酸的研究时代。结构复杂的多酸主要可以分为两大类,即同多酸和杂多酸。经典的多酸有六种结构:Keggin 型、Dawson 型、Anderson 型、Lindqvist 型、Waugh 型和 Silverton 型,如图 1-6 所示。多酸不仅具有丰富的种类,其性质也是多样的,主要表现为结构多样且可调变性、类半导体性和氧化还原性等。

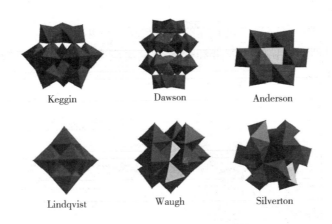

图 1-6 六种经典多酸结构

(1)结构多样且可调变性

多酸本身具有丰富的结构。随着合成技术和分析测试技术的不断更新,多酸可作为无机片段被裁剪和重组,以形成更大的阴离子簇合物,如图 1-7 所

▶ 铜

示;可引入矿化剂等调控多酸分子的形貌,使其具有链状、孔状、层状等结构;可引入柔性基团得到对温度或者光照敏感的结构,以构筑具有仿生功能的结构;可引入金属有机配合物构成具有螺旋、主客体、轮烷等结构的多酸基金属有机框架材料。

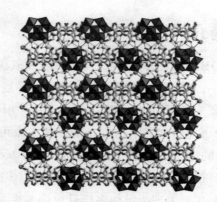

图 1-7　多酸和环糊精金属有机框架结合

(2) 类半导体性

半导体材料是目前光催化研究的热点材料。近年来,多酸被发现也具有一定的类半导体性(半导体的导带和价带分别对应多酸的 LUMO 能级和 HOMO 能级),如图 1-8 所示。

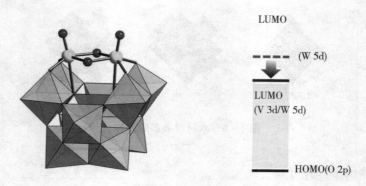

图 1-8　$TBA_4H[\gamma-PV_2W_{10}O_{40}]$ 的结构和 LUMO 能级

（3）氧化还原性

多酸中的金属原子一般为可变价态，而当金属原子均处于其最高价态时仅具有氧化性，可作为氧化剂使用。同时，多酸作为"电子海绵"可以容纳很多电子，且结构保持不变。例如，$[PMo_{12}O_{40}]^{3-}$ 可以容纳 24 个电子，如图 1-9 所示。杂多酸中金属原子的氧化性顺序为：$V > Mo > W$。当多阴离子为混合多原子离子时，氧化性顺序为：$PMo_{10}V_2 > PMo_{11}V > PMo_{12}$，$PMo_6W_6 > PMo_{12}$。同时，杂多酸的氧化能力随中心原子或负电荷离子价态的升高而降低，即 $PW_{12}^{3-} > GeW_{12}^{4-} > SiW_{12}^{4-} > FeW_{12}^{5-} > BW_{12}^{5-} > Co(Ⅱ)W_{12}^{6-} > H_2W_{12}^{6-} > CuW_{12}^{7-}$。

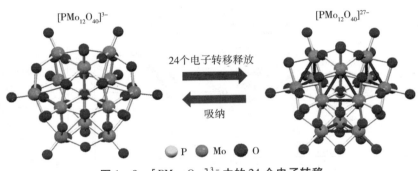

图 1-9　$[PMo_{12}O_{40}]^{3-}$ 中的 24 个电子转移

1.3.2　多酸在超级电容器领域的应用

RuO_2 电极材料的储能效果极好，在超级电容器电极材料领域备受关注，但高昂的成本限制了它的广泛应用。多酸成本远低于贵金属，具有"电子海绵"特性，同时，在循环伏安测试中展示出类 RuO_2 的多对可逆的氧化还原峰，有望作为 RuO_2 的替代品。但是，多酸易溶于水的特性导致其作为电极材料的稳定性较差，因而限制了此类电极材料在水体系中的应用；另外，多酸孤立的簇型结构不利于分子间的电子传输，其电极材料的导电性较低。因此设计与制备高稳定性和导电性的多酸超级电容器电极材料是一项艰巨但有意义的工作。目前，将多酸应用于超级电容器领域的研究主要集中在将其直接或间接作为电容器电解质、电极材料以及制备成复合材料等方面。

▶ 铜

(1) 充当超级电容器的电解质

2004年,Wang等人首次将$PW_{12}/Al_2(SO_4)_3 \cdot 18H_2O$作为电解质,研究以聚苯胺为电极材料的对称型超级电容器的电容性能。实验结果表明,该电解质有利于提高器件的比电容和稳定性。2008年,Lian等人将具有电化学活性的磷钨酸(PWA)、硅钨酸(SiWA)作为电化学储能器件中的电解质,通过循环伏安法、电化学交流阻抗法和自放电测试法,证明二者在质子传导性能上均优于H_2SO_4,如图1-10所示。实验结果表明,只要选择合适的电压范围,多酸作为电解质是可行的。

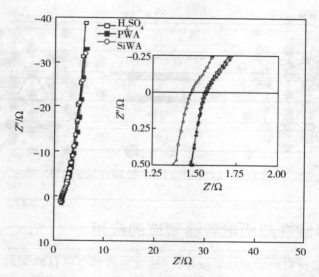

图1-10 分别以H_2SO_4、PWA和SiWA为电解质测试器件的交流阻抗

(2) 直接作为电极材料

2014年,Chen等人首次将$Na_6V_{10}O_{28}$直接作为电极材料研究其超级电容器性能。在三电极体系中,选用有机溶剂$LiClO_4$为电解液,该化合物展示出较高的比电容354 F·g^{-1}。同时,以活性炭为正极组装非对称超级电容器,其能量密度为73 Wh·kg^{-1},功率密度为312 W·kg^{-1}。

(3) 碳和多酸复合电极材料

与多酸相结合的碳材料以碳纳米管、活性炭和石墨烯为主,其共同特点是比表面积高、导电性好和抗腐蚀性能力强,因而,碳材料适合作为易溶于水的多酸材料的基底。

2007年,Cuentas-Gallegos等人首次利用多酸和多壁碳纳米管结合制备对称型超级电容器。其中,多酸在多壁碳纳米管表面展示出良好的分散性,且对提高电容器能量密度起到了积极作用,电流密度为 $0.2\ A\cdot g^{-1}$ 时比电容为 $285\ F\cdot g^{-1}$。2008年,Skunik等人将多酸 PMo_{12} 的单层薄膜修饰到碳纳米管上制备电极材料以提高其超级电容器性能,如图1-11所示。该复合材料的超级电容器性能高于纯碳纳米管电极材料,其原因是多酸的快速可逆多电子转移行为提高了材料本身的赝电容特性。

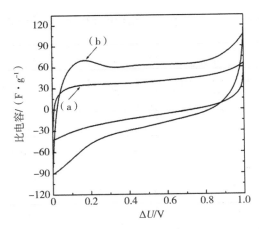

图1-11 电极材料(a)纯CNT和(b)PMo_{12}/CNT的循环伏安曲线

2009年,Park等人通过层层自组装法将多酸修饰在碳材料表面制备成工作电极,研究其超级电容器性能。实验结果表明,"洋葱"型碳材料和碳纳米管型碳材料均可以被多酸修饰,而金刚石炭化的粉末却不可以,主要归结为它们的表面化学结构以及 sp^2 与 sp^3 成分比不同。

2012年,Ruiz等人首次利用活性炭(AC)吸附多酸制备成杂化材料,研究其超级电容器性能,如图1-12所示。该杂化材料结合了高比表面积的双电层电容材料特性和具有可逆氧化还原活性的多酸材料的电容特性。

▶ 铜

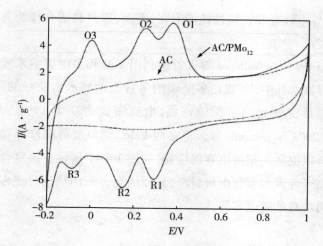

图1-12 AC 和 AC/PMo$_{12}$杂化材料的循环伏安曲线

2013年,Sosnowska等人制备了聚合物修饰的多碳纳米管与钒原子取代的Dawson型杂多钨酸盐[P$_2$W$_{17}$VO$_{62}$]$^{8-}$杂化材料。该材料较纯碳纳米管展示出更高的比电容,如图1-13所示,原因可能是引入了具有氧化还原特性的多酸。

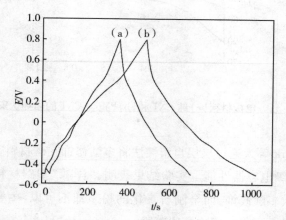

图1-13 (a)纯CNT和(b)CNT/PDDA/[P$_2$W$_{17}$VO$_{62}$]$^{8-}$
电极的充放电曲线图

2014年,Su等人将H$_3$PW$_{12}$O$_{40}$吸附在活性炭上制备了水体系中宽电压范围(1.6 V)的超级电容器电极材料,如图1-14所示。该材料兼具双电层电容特性和法拉第电容特性。吸附后,材料的比电容从 185 F·g^{-1}(单独的活性炭)提高到 254 F·g^{-1}。

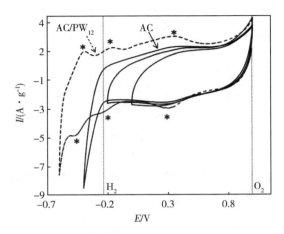

图 1-14　活性炭和相应的杂化材料(AC/PW$_{12}$)的循环伏安曲线

2015 年,Genovese 等人报道了以多壁碳纳米管为基底,利用层层自组装法证明 PMo$_{12}$ 和 PW$_{12}$ 的混合液不仅发生了简单的物理混合过程,而且发生了多酸中多原子的重组过程。另外发现双层 GeMo$_{12}$ - SiMo$_{12}$(1∶1)/PMo$_{12}$ - PW$_{12}$(3∶1)修饰的碳纳米管电极的比电容是未修饰碳纳米管的 11 倍。2015 年,Chen 等人首次利用多酸和单壁碳纳米管结合的方式制备复合电极材料,并将该材料用于研究超级电容器性能。利用该材料组装成的对称超级电容器的比电容较单壁碳纳米管超级电容器高出 39%,且具有优异的循环稳定性,如图 1-15 所示。

▶ 铜

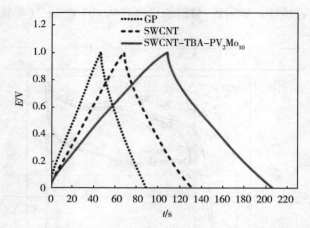

图 1-15　SWCNT 和 SWCNT-TBA-PV$_2$Mo$_{10}$ 对称型超级电容器在电流密度为 1 mA·cm^{-2} 时的恒流充放电曲线

2016 年，Hu 等人报道将多酸填充在微孔活性炭中制备了纳米材料，并将该材料应用于超级电容器领域，如图 1-16 所示。其电容性的提高可以解释为该材料由仅具有高度可逆的氧化还原性的多酸转变为同时具有双电层电容特性的材料。另外，实验结果表明该材料在离子液体中的稳定性高于在硫酸中的稳定性。

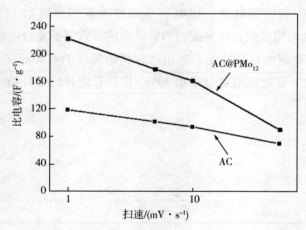

图 1-16　多孔活性炭@PMo$_{12}$和纯活性炭材料的比电容随扫速的变化

(4)导电聚合物和多酸复合电极材料

导电聚合物是一类高分子材料,因其具有一定的导电性而被电化学领域工作者广泛关注,同时,又因其具有一定的赝电容特性而被作为电极材料应用于超级电容器领域。

2003 年,Romero 等人报道了一种利用纳米材料电化学活性的有效方式,即整合纳米尺寸的多酸与导电聚合物形成杂化材料,并将其应用于电化学储能。该杂化材料展示出有机、无机相结合的优异储能性,如图 1-17 所示。

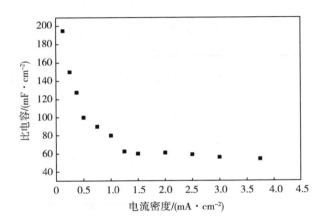

图 1-17　比电容随电流密度的变化,电压范围为 0~0.8 V

2005 年,Cuentas-Gallegos 等人首次将多酸分散在导电聚合物上制备了杂化材料,如图 1-18 所示。其中,PAni/$H_3PMo_{12}O_{40}$ 在 PAni/$H_4SiW_{12}O_{40}$、PAni/$H_3PW_{12}O_{40}$ 系列材料和 PAni/$H_3PMo_{12}O_{40}$ 中储能性能最好。在固态超级电容器的存储和释放中,该材料结合了有机、无机组分的优势,比电容为 120 F·g^{-1}。数据显示,超过 1000 次循环后稳定性依然较好。

▶ 铜

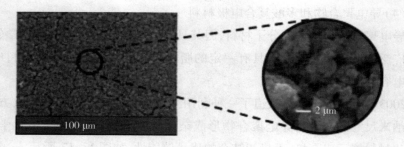

图 1-18 PAni/PMo$_{12}$ 杂化材料的放大图

2016 年,Yang 等人制备了高度有序且高度柔韧的多酸-聚吡咯纳米阵列型材料,并开发其在超级电容器器件领域中的应用。该纳米阵列型材料是通过印刷技术和后沉积技术得到的,在超级电容器领域和无酶电化学传感领域均展示了优异的电化学性能,如图 1-19 所示。

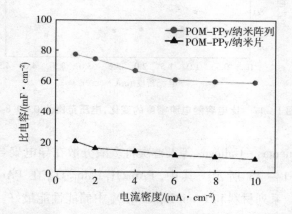

图 1-19 多酸-聚吡咯纳米阵列电极比电容随电流密度的变化

2017 年,Dubal 等人将具有氧化还原性的多酸修饰到聚吡咯纳米管上,以提高该材料制成的对称型超级电容器的能量密度。实验结果表明,采用 PMo$_{12}$ (1.5 mWh·cm^{-3}) 或 PW$_{12}$ (2.2 mWh·cm^{-3}) 修饰后的材料均展示出较纯聚吡咯更高的能量密度,如图 1-20 所示。

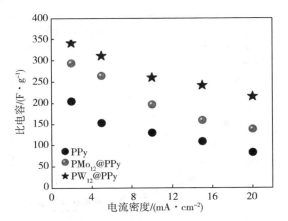

图 1-20 PPy、PMo_{12}@PPy 和 PW_{12}@PPy 样品的比电容随电流密度的变化

(5)碳和导电聚合物及多酸复合电极材料

2013 年,Baibarac 等人将单壁碳纳米管、聚二苯胺和 $H_3PW_{12}O_{40}$ 结合制备成三元杂化材料,进而将该材料组装成全固态对称型超级电容器,研究其电容性能,如图 1-21 所示。

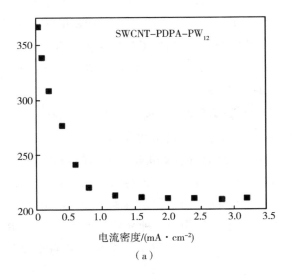

(a)

▶ 铜

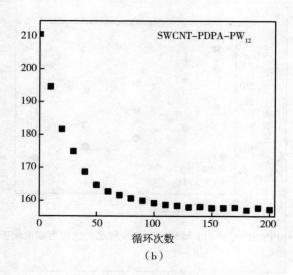

(b)

图1-21 单壁碳纳米管共价连接掺杂 $H_3PW_{12}O_{40}$ 的
聚二苯胺的全固态超级电容器的(a)电容性能和(b)稳定性

2015年,Chen等人通过一锅法制备了聚吡咯-多酸/还原型氧化石墨烯杂化纳米材料。该纳米材料具有较高的比电容,所制备的全固态电容器展示出较好的倍率特性、良好的柔韧性和机械稳定性。2018年,Wang等人将聚吡咯引入到基于多酸的MOF结构中,从而制备了新型纳米复合材料,该复合材料包含了三者的优点。同时,又将得到的新型材料制备成对称型超级电容器,该超级电容器的性能优于其他MOF材料。

(6)碳和离子液体及多酸复合电极材料

2014年,Yang等人制备了兼具电化学双电层电容特性和赝电容特性的新颖的电极材料,这种材料是通过多酸偶联石墨烯制得的,其中,离子液体起到连接界面的作用。另外,两电极体系中,该材料的比电容高达408 $F \cdot g^{-1}$,能量密度和功率密度分别为56 $Wh \cdot kg^{-1}$ 和52 $kW \cdot kg^{-1}$。2016年,Genovese等人报道了以咪唑衍生物类离子液体作为一种高效的连接剂,对于在多壁碳纳米管上通过层层自组装法负载多酸制备超级电容器电极具有重要的意义。因为负载该离子液体较传统二烯丙基二甲基氯化铵而言,既降低了负载量,又增强了导电性,因而更有利于提高其电容性能。

(7) 多酸及金属有机框架复合电极材料

将多酸与金属有机框架复合制备成多酸基金属有机框架晶体,不仅可以获得均一和有序的活性位点,而且可以精确地了解材料的分子结构,探求电极材料的微结构与超级电容器性能的关系,便于实现从分子水平上对电极材料的调控,从而提高其超级电容器性能。

2016 年,Zhang 等人通过高温分解法以多酸基金属有机框架材料为模板剂制得 MoO_2@Cu@C 电极材料,并研究了其超级电容器性能。实验结果表明,该材料较之前报道的基于 MoO_2 的材料展示出更加优异的超级电容器性能。另外,利用 MoO_2@Cu@C 材料制备成对称全固态超级电容器,其具有较高的能量密度和功率密度。2016 年,Zhang 等人通过高温分解法以多酸基金属有机框架材料为模板剂制得 MoO_3@CuO 电极材料。同时,研究了其超级电容器性能。实验结果表明,MoO_3@CuO 较不含模板剂得到的 CuO 材料比电容高出近 6 倍。另外,将 MoO_3@CuO 制备成对称型超级电容器,其显示出较高的能量密度和功率密度。2017 年,Wang 等人首次采用多酸基配位聚合物晶体材料制备超级电容器电极,探索其在三电极体系中的超级电容器性能,该电极材料中多酸阴离子通过与双核铜配位,形成一维链状结构。另外,该电极材料显示了较高的比电容、较好的倍率特性以及循环稳定性,为多酸基配位聚合物材料作为超级电容器电极材料奠定了基础。

2018 年,Roy 等人通过一锅法制备出分别含有 PW_{12} 和 PMo_{12} 的两种同构多酸基金属有机框架结构化合物,如图 1-22 所示。两种化合物均具有较好的催化性能,同时,循环伏安和恒流充放电测试表明它们均具有较好的电容性能。

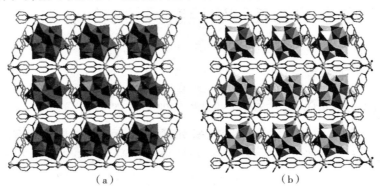

图 1-22　含有(a) PW_{12} 和(b) PMo_{12} 化合物的结构图

▶ 铜

2019 年,Du 等人通过一锅法分别得到了 Ag 基 BW_{12}(同构 PW_{12})和 PMo_{12} 金属有机框架结构化合物,如图 1-23 所示,并将其应用于超级电容器领域。相同条件下,包含 PMo_{12} 的化合物展示出更高的比电容。

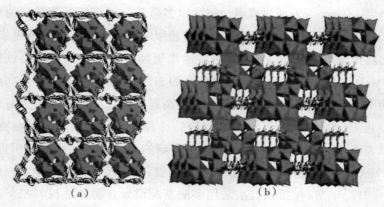

图 1-23　(a)Ag 基 BW_{12} 和(b)PMo_{12} 化合物的结构图

虽然将多酸制备成多酸基金属有机框架晶体材料解决了多酸本身易溶于水的问题,然而,目前的研究工作较少,没有发挥出多酸基金属有机框架晶体材料结构丰富的特点,也没有提出如何从分子水平上优化材料的超级电容器性能。

1.4　镍基化合物在超级电容器领域的应用

1.4.1　钴酸镍

钴酸镍($NiCo_2O_4$)是在 Co_3O_4 的结构基础上镍(Ni)取代部分钴(Co)而得到的,因此,$NiCo_2O_4$ 呈现出尖晶石结构,Ni 元素和 Co 元素的协同作用有利于提高材料电导率和电化学性能。双金属氧化物通常比单一组分金属氧化物具有更优异的性能,这主要归因于成分多元化有利于减小 $NiCo_2O_4$ 禁带宽度,增强导电性,而且成分多元化的金属氧化物具有更为丰富的元素价态,不同元素之间存在协同作用,有利于活性材料进行高度可逆的氧化还原反应,从而提高其性能。然而 $NiCo_2O_4$ 仍存在电导率低和活性位点不足的问题。目前,人们发现具有特殊结构的 $NiCo_2O_4$(如纳米线、纳米片、纳米棒和纳米管 $NiCo_2O_4$)具有与众不同的性质;杂原子掺杂可以为 $NiCo_2O_4$ 提供丰富的电化学活性位点,由此提高其性能;$NiCo_2O_4$ 也可与其他材料进行复合,由此产生的功能性层状纳米结构或核壳结构有助于提高其电化学性能。

(1)钴酸镍的形貌调控

材料的性质会随其形貌不同而发生巨大变化。纳米材料有望为能源转换和储存领域带来巨大改变。一维纳米结构可以提供更短的电子/离子传输路径,提高其传输效率,从而提高材料的功率密度和倍率性能,并且增强材料的催化性能和电荷储存能力。由于具有高比表面积和独特的电子特性,二维纳米材料在能源储存和转换器件中被广泛研究。除了上述优点,二维材料还表现出其他特殊性能,如柔性、高堆积密度和机械稳定性等,因此它们适合用于开发柔性能源转换和储存器件。此外,由纳米管、纳米棒或纳米球组装成的三维纳米结构也具有良好的电荷储存性能。因此,三维结构被应用于众多领域,如化学传感器、电催化析氢、电池和超级电容器等。众多研究表明,构筑中空/多孔结构的电极材料,可以提供高比表面积和适当的孔径分布,为电子和离子扩散提供更短的路径,缩短其扩散时间,提高材料的电化学性能,而且受益于中空/多孔结构的特性,材料内部可以暴露出更多的活性位点并参与到电化学反应中。制备中空/多孔结构的通用方法之一是模板法。MOF 由于具有高孔隙率、优异的稳定性、丰富的结构以及在分子水平上精确可调的特,被广泛应用于吸附、传感器、超级电容器和电催化析氢等领域。此外,其微观结构新颖,可用来制备多种具有特定形貌的材料,如空心多孔小球、空心纳米笼、纳米框架等。MOF 衍生型 $NiCo_2O_4$ 同样具有独特的结构,可以提供高比表面积和丰富的电化学活性位点,而且可以缓冲氧化还原反应过程中产生的体积收缩或膨胀,从而提供优异的循环稳定性。

(2)钴酸镍的杂原子掺杂

通过向金属氧化物中引入含有孤对电子的杂原子可以产生更多活性位点,并且能够改变宿主元素的电子结构,从而提高内在活性,使材料具有出色的电化学性能。同时,杂原子与过渡金属原子有很强的配位能力,因此其结构稳定

► 铜

性强于金属氧化物/金属氢氧化物。杂原子掺杂可分为金属掺杂、非金属掺杂以及共掺杂,掺杂通常会引起电荷的重新分配,从而提高材料的电导率。Lin 等人通过氩气等离子体制备了 S 掺杂 $NiCo_2O_4$ 纳米片阵列($Ar-NiCo_2O_4|S$),以增加活性位点并提高催化性能。

(3)钴酸镍的纳米材料复合

碳材料通常具有比表面积高、电导率良好和稳定性优异等特点。虽然碳材料电化学性能差的问题仍未得到解决,但是碳改性可以提高 $NiCo_2O_4$ 基材料的电导率。各种碳材料如碳纳米管、石墨烯和生物质炭,已经通过与 $NiCo_2O_4$ 形成复合材料应用于各个领域。充分利用碳材料优越的导电性和高表面积以及 $NiCo_2O_4$ 的高比电容和优异的催化性能可以制备出电化学性能优异的复合电极材料。

由于具有比电容高、制备过程简单和成本低的特点,导电聚合物在各领域中引起广泛关注。$NiCo_2O_4$ 和导电聚合物的优点为开发高性能电极材料和催化剂提供可行的策略。最近,$NiCo_2O_4$ - 导电聚合物纳米复合材料因具有优异的导电性和对高电荷密度的兼容性,可以解决电子和离子传输缓慢的问题,被广泛应用于电化学能源转化领域。

分层纳米结构由金属氧化物直接生长在活性材料(集流体)上获得,该结构有利于提高材料的稳定性,能在给定的单位面积内提供更多的活性位点,而不需要任何辅助成分,从而获得更优异的电化学性能。

1.4.2 镍基双金属氢氧化物

镍基双金属氢氧化物相比于镍基单金属氢氧化物具有更加丰富的活性位点和更高的电容性能。镍基层状双金属氢氧化物(LDH)又称镍基水滑石,是一类离子层状化合物。水滑石的结构由带正电荷的类水镁石层、含有电荷补偿的层间阴离子和溶剂化分子组成。金属离子占据了共享八面体的边缘中心,其顶点包含氢氧根离子,它们连接形成无限的二维薄片。大多数被广泛研究的 LDH 同时包含二价和三价金属阳离子(图 1 - 24),这些 LDH 的通式可以写作 $[M^{2+}_{1-x}M^{3+}_x(OH)_2][A^{n-}]_{x/n} \cdot zH_2O$,其中 M^{2+} 是 Mg^{2+}、Fe^{2+}、Zn^{2+}、Co^{2+}、Cu^{2+}、Ni^{2+};M^{3+} 是 Al^{3+}、Cr^{3+}、Ga^{3+}、In^{3+}、Mn^{3+}、Fe^{3+};A^{n-} 是一种非骨架的电荷补偿的无机或有机阴离子,如 CO_3^{2-}、Cl^-、SO_4^{2-}、RCO_2^- 等;x 通常在 0.20~0.33 之间。

LDH 之间也可能含有 M^+ 和 M^{4+}、水分子和可交换的无机或有机电荷补偿阴离子。LDH 中的每个羟基层是面向层间区域的,可能是氢与层间阴离子和水分子成键。LDH 材料具有较弱的层间键结合力,所以显示出良好的膨胀性能。LDH 的结构特点使其拥有以下特殊的性质:

(1) 层板上阳离子的可调控性

由 LDH 的通式可知,LDH 并无固定的化学构成,只要主体层板上的金属阳离子与 Mg^{2+} 具有相近的离子半径,就可以对层板上的金属阳离子进行同晶替代,就能与羟基产生共价键作用,形成类水镁石的层状结构,从而形成 LDH。

(2) 层间阴离子的可交换性

阳离子进入主体层板之后,使层板带正电,LDH 的层间具有可交换的阴离子,从而使得 LDH 整体呈现电中性。一般地,阴离子在 LDH 层间的离子稳定性顺序为 $CO_3^{2-} > SO_4^{2-} > HPO_4^{2-} > F^- > Cl^- > B(OH)_4^- > NO_3^-$,可以将不同的阴离子插入 LDH 层间,从而因不同阴离子的离子半径而改变 LDH 的层间距,层间距增大,使得层板上的活性位点暴露出来,就可以获得更好的不同用途的功能材料。

(3) 粒径的可调控性

水滑石粒子的尺寸可以利用不同的合成方法和反应条件等因素加以调控,并且可以结合不同方法合成的 LDH 材料的优点,复合性能优越的材料,定向设计目标 LDH 材料,获得更多性能优越的复合功能材料。

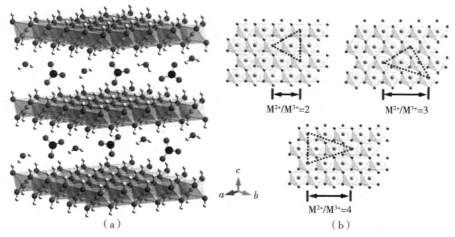

图 1-24 (a) 不同 M^{2+} 与 M^{3+} 物质的量比的碳酸盐夹层 LDH 的理想结构;
(b) 沿 c 轴堆积的金属氢氧根八面体,以及层间区域存在的水分子和阴离子

▶ 铜

Chen 课题组通过对水热反应时间的控制来调节 NiMn-LDH 的层间空间，所制备的电极表现出的比电容为 846.5 $C \cdot g^{-1}$（1881 $F \cdot g^{-1}$）；Zhang 等人利用油酸钠作为表面活性剂和嵌入剂，制备了插层空间较大的 NiMn-LDH，该材料展示了优异的电化学性能。

第 2 章 偏钨酸基铜有机框架材料制备及其超电性能研究

2.1 引言

多酸具有类 RuO_2 的可逆快速多电子转移反应,因而在超级电容器领域具有潜在的应用价值,近年来已成为科研工作的热点。但多酸易溶于水的性质限制了其在水体系中的应用,同时多酸孤立的大分子簇结构限制了其分子间的导电性。为克服以上缺点,许多科研工作者将多酸与碳材料、导电聚合物或离子液体结合,但得到的材料比电容依然不高,而且未充分发挥多酸结构丰富且可调的优势。

基于此,本书致力于将多酸分子与金属有机框架通过共价键相连形成多酸基金属有机框架晶体材料,运用这种方法不仅可以解决多酸易溶于水的问题,还有利于多酸分子间的电子转移。另外,运用这种方法也可以制备系列多酸基金属有机框架材料,作为研究结构与电容性之间关系的模型材料。

众所周知,在水热反应中,引入矿化剂会影响产物的结构,因此矿化剂在水热反应中扮演着重要的角色。通过调节三乙胺的引入量,得到活性位点均一、微结构不同的晶体材料。同时,研究这些材料的电容性能,总结不同微结构的材料与其超级电容器性能(超电性能)的关系,可为开发更多更高性能的多酸基电极材料提供理论依据。

本章笔者选用同多酸偏钨酸盐、有机配体 btx、金属盐 $Cu(Ac)_2 \cdot 2H_2O$,在体系温度和 pH 值均相同的情况下,研究引入不同浓度的三乙胺对晶体结构的影响。合成了三个偏钨酸基铜有机框架材料,流程图如图 2-1 所示。

▶ 铜

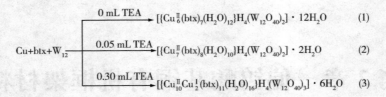

图2-1 目标产物合成流程图

反应原料的选择基于以下原因:(1)偏钨酸作为同多酸的代表性化合物,结构与 Keggin 型结构多酸相似,且热力学稳定,具有丰富的氧化还原性,最多可以被33个电子还原。另外,它作为超级电容器电极材料的研究较少,应用前景有待开发。(2)材料中 btx 的高含氮量有利于增强其导电性,同时分子内的柔性基团—CH_2有利于形成丰富的结构。(3)铜离子配位模式多样(配位数2~6),有利于构筑结构丰富的框架材料。

本章通过单晶 X 射线衍射、红外光谱以及粉末 X 射线衍射手段对材料进行结构表征;通过循环伏安测试、恒流充放电测试和电化学阻抗测试等手段考察材料的超电性能;通过研究材料微结构与其超电性能之间的关系,总结如何通过改变框架材料的微结构提高超电性能。

2.2 偏钨酸基铜有机框架材料的制备

前驱体 btx 配体参考文献方法制备,并通过红外光谱进行表征。先称取 1.38 g 1,2,4-三氮唑,使其溶解在30 mL 丙酮中,再分别称取 2 g 聚乙二醇-400、5 g 无水碳酸钾和 0.5 g 碘化钾,依次加入上述混合溶液中,剧烈搅拌 30 min。再称取 1.75 g α,α′对二氯苄,加入上述混合液中,将混合液剧烈搅拌 10 min,加热回流 10 h。过滤蒸馏滤液得到白色固体,粗产品经水重结晶得到 1.4 g 白色晶体(产率为60%)。红外光谱特征峰与文献基本吻合,表明目标产物被合成。btx 配体的结构如图 2-2 所示。

第 2 章 偏钨酸基铜有机框架材料制备及其超电性能研究

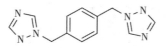

图 2-2 btx 配体结构

（1）材料 1 的制备

分别称取 0.3610 g（0.12 mmol）$(NH_4)_6W_{12}O_{40} \cdot 3H_2O$、0.0479 g（0.24 mmol）$Cu(Ac)_2 \cdot 2H_2O$ 和 0.0433 g（0.18 mmol）btx，依次加入 15 mL 二次蒸馏水中，室温下搅拌 2 h。然后将上述悬浊液用 1 mol·L^{-1} 的 HCl/NaOH 调节至 pH 值为 2.0 左右，转移至 25 mL 的聚四氟乙烯反应釜中，在 160 ℃下恒温反应 3 天，以 10 ℃·h^{-1} 程序降温至室温后，得到蓝色块状晶体，水洗后干燥，产率约为 40%（以 W 计算）。

（2）材料 2 的制备

材料 2 的制备过程与材料 1 相似，仅在室温搅拌前向体系中加入 0.05 mL 三乙胺。最终得到蓝色块状晶体，水洗后干燥，产率约为 39%（以 W 计算）。

（3）材料 3 的制备

材料 3 的制备过程与材料 1 相似，仅在室温搅拌前向体系中加入 0.30 mL 三乙胺。最终得到绿色块状晶体，水洗后干燥，产率约为 36%（以 W 计算）。

（4）材料 W@TBAB 的制备

取 0.1203 g（0.04 mmol）$(NH_4)_6W_{12}O_{40} \cdot 3H_2O$ 溶解在 20 mL 水中不断搅拌，再将 0.0774 g（0.24 mmol）四丁基溴化铵（TBAB）加入上述溶液中不断搅拌，1 h 后将上述溶液中产生的沉淀收集、洗涤并干燥。

2.3 偏钨酸基铜有机框架材料的表征

2.3.1 单晶 X 射线衍射

为得到更好的晶体数据，晶体材料测试时均选取了晶型及透明度极佳的样品。本书采用单晶 X 射线衍射仪进行测试，测试过程中均为常温，测试光源均为 Mo Kα 射线（波长为 0.71 Å）。晶体结构的解析利用 SHELXTL 软件，并用最小二乘法 F^2 精修。

▶ 铜

材料 1~3 的晶体学数据见表 2-1。

表 2-1 材料 1~3 的晶体学数据

材料	1	2	3
化学式	$C_{84}H_{136}Cu_6N_{42}O_{104}W_{24}$	$C_{96}H_{122}Cu_7N_{48}O_{92}W_{24}$	$C_{132}H_{178}Cu_{12}N_{66}O_{142}W_{36}$
相对分子质量	8191.64	8277.25	12341.98
T/K	293	293	293
晶系	三斜	三斜	三斜
空间群	$P-1$	$P-1$	$P-1$
$A/Å$	13.7018(8)	12.8862(3)	13.8649(2)
$b/Å$	15.0306(9)	16.1174(3)	18.5648(4)
$c/Å$	22.2158(12)	20.5185(5)	26.0369(5)
$\alpha/(°)$	77.5150(5)	83.5166(18)	74.0096(16)
$\beta/(°)$	81.5800(5)	83.3889(19)	87.6192(14)
$\gamma/(°)$	73.3740(5)	87.6660(18)	70.8873(16)
$V/Å^3$	4262.80(4)	4204.48(17)	6078.70(2)
Z	1	1	1
$F(000)$	3664	3723	5534
指标范围	$-17 \leq h \leq 17$	$-15 \leq h \leq 15$	$-16 \leq h \leq 16$
	$-18 \leq k \leq 18$	$-19 \leq k \leq 19$	$-22 \leq k \leq 22$
	$-27 \leq l \leq 27$	$-25 \leq l \leq 25$	$-30 \leq l \leq 30$
R_{int}	0.0978	0.0842	0.0687
GOF on F^2	1.042	1.125	1.124
R_1^a, $wR_2^b[I>2\sigma(I)]$	0.0514, 0.0909	0.0509, 0.1019	0.0627, 0.1338
R_1^a, wR_2^b(all data)	0.0749, 0.0994	0.0636, 0.1072	0.0723, 0.1386

注:$^a R_1 = \sum \| F_o | - | F_c \| / \sum | F_o |$,$^b wR_2 = \sum [w(F_o^2 - F_c^2)^2] / \sum [w(F_o^2)^2]^{1/2}$。

(1)材料 1 的单晶结构分析

材料 1 为三斜晶系,空间群为 $P-1$。材料整体结构为 $[W_{12}O_{40}]^{8-}$(简写为

W_{12})多阴离子被包裹在三维开放的框架结构[Cu(btx)$_x$] (x = 1、2、3、4)中。W_{12}多阴离子包含12个WO$_6$八面体,这些多面体又由4个共边的{W$_3$O$_{13}$}三金属簇构成,其中,所有的W—O键长在1.706(8)~2.267(7) Å之间;三维开放的框架结构[Cu(btx)$_x$]包含4个晶体学独立的铜离子。另外,每个铜离子通过Cu—N与不同数量的btx配体配位,如图2-3所示。具体如下:Cu1、Cu2、Cu3和Cu4分别与4个、1个、2个和2个btx配位,所有的Cu—N键长在1.953(11)~2.050(10) Å之间。

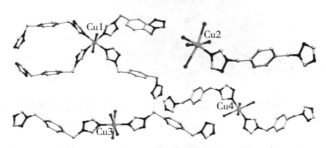

图2-3　铜离子与不同数量的btx配体配位

另外,铜离子和btx配体交替连接形成了三维开放框架结构[Cu(btx)$_x$],同时该开放框架结构具有沿a轴方向的孔道结构,如图2-4所示。

图2-4　开放框架结构[Cu(btx)$_x$]中沿a轴方向的通道

材料1的结构特点是它的多酸阴离子作为客体分子被包含在开放框架结构内部。同时,每一个W_{12}多阴离子作为五齿配体($μ_5$)与来自主体框架

▶ 铜

[Cu(btx)$_x$]上的铜离子配位,最终形成一个新颖的三维多酸基铜有机框架结构,如图2-5所示。

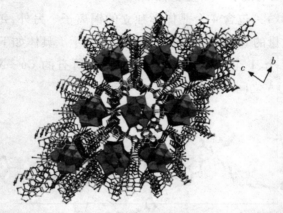

图2-5 新颖的三维多酸基铜有机框架结构(多面体代表偏钨酸)

值得注意的是,该三维结构中存在26元的大环结构,这个大环结构由两个Cu1和两个btx配体构成,同时,这个大环被Cu2-btx-Cu2片段贯穿,展示出三维自穿插结构。该大环结构中三个邻近的苯环通过π-π堆积作用相连,苯环间距分别为4.163 Å和4.168 Å,如图2-6所示。

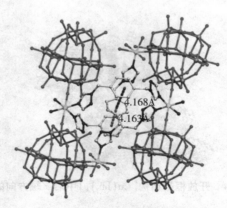

图2-6 三个苯环之间的间距

(2) 材料2的单晶结构分析

材料2为三斜晶系,空间群为$P-1$。材料2单胞结构中包含1个W_{12}多阴离子、4个晶体学独立的铜离子和多个btx配体。其中,4个晶体学独立的铜离子Cu1、Cu2、Cu3和Cu4分别通过Cu—N与4个、1个、2个和3个btx配体配位,如图2-7所示,Cu—N键长在1.971(11)~2.058(12) Å之间。这些Cu和btx配体相互连接,形成了Cu-btx的双层结构,如图2-8所示,层间距为11.87 Å,且在Cu-btx双层结构之间有着一定的孔道结构,这些孔道结构被客体多酸分子占据,进一步形成多酸被包裹的双层结构,如图2-9所示。W_{12}中所有的W—O键长在1.706(9)~2.299(8) Å之间。

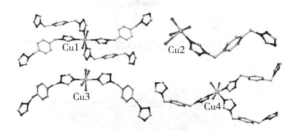

图2-7 铜离子与不同数量的btx配体配位

图2-8 层间距为11.87 Å的Cu-btx双层结构

图2-9 偏钨酸被包裹的双层结构(多面体代表偏钨酸)

另外,相邻的双层结构通过氢键彼此相连,比如O17…N8 = 3.274 Å,

▶ 铜

N17…O43 = 3.301 Å,O23…N7 = 3.370 Å,O43…N7 = 3.369 Å 等,如图 2-10 所示,进一步形成三维超分子结构,如图 2-11 所示。同时,可能是大量氢键的紧密相连,使得相邻双层结构的间距(8.39 Å)比双层结构内部的间距(11.87 Å)更近,进而展示出紧密连接的叉指结构。

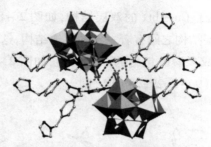

图 2-10 相邻的双层结构间的氢键(多面体代表偏钨酸)

图 2-11 三维超分子结构(多面体代表偏钨酸)

(3)材料 3 的单晶结构分析

材料 3 为三斜晶系,空间群为 $P-1$。材料 3 的单胞中包含两个晶体学独立的部分:一部分是由 W_{12}-Cu-btx 构成的三维多酸基金属有机框架,另一部分是由 Cu-btx 构成的一维链,如图 2-12 所示。Cu-btx 一维链上仅包含一种晶体学独立的铜离子(Cu6),它通过 Cu—N 与两个配体 btx 配位,如图 2-13 所示。

第2章　偏钨酸基铜有机框架材料制备及其超电性能研究

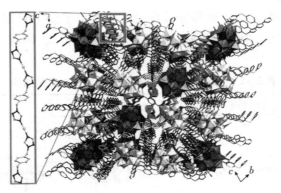

图 2-12　三维结构中包含 W_{12}-Cu-btx 和 Cu-btx（多面体代表偏钨酸）

图 2-13　Cu-btx 中 Cu6 的配位模式

对于多酸基金属部分，多酸周围共有 6 种晶体学独立的铜离子（Cu1～Cu5 和 Cu7），按照配位模式可分成两类，如图 2-14 所示：一类是六配位的 Cu1～Cu5，展示出无序的八面体构型；另一类是五配位的 Cu7，展示出四方锥构型。另外，多酸 W_{12} 因配位环境不同也展示出两种构型：五配位（Cu1、Cu2、Cu3、Cu3#1 和Cu4）和六配位（Cu4、Cu4#2、Cu5、Cu5#3、Cu7 和 Cu7#3）。

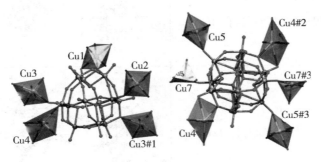

图 2-14　晶体学独立的多酸和铜离子（多面体代表偏钨酸）

▶ 铜

从结构角度而言,该多酸基金属有机框架展示了[5+6]混配位的结构,在多酸基金属有机框架中属于少见的高配位-混配位模式,如表2-2所示。

表2-2 多酸基金属有机框架中多酸的混配位结构

	化合物	配位数	配位模式
1	$[Ni_3(L_1)_5][PMo_{12}-O_{40}]_2 \cdot 14H_2O$	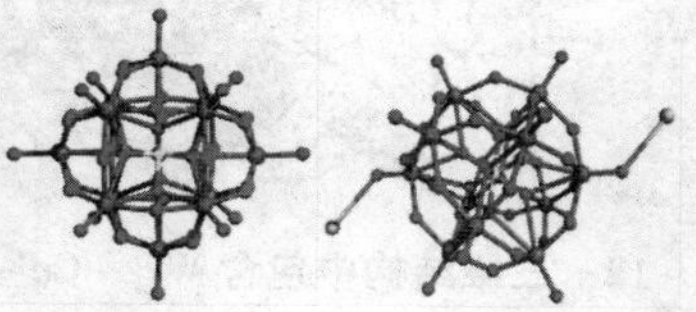	[0+2]
2	$[Cu(bbi)]_2[Cu_2(bbi)_2$ $(\delta-Mo_8O_{26})_{0.5}]-[\alpha-Mo_8O_{26}]_{0.5}$	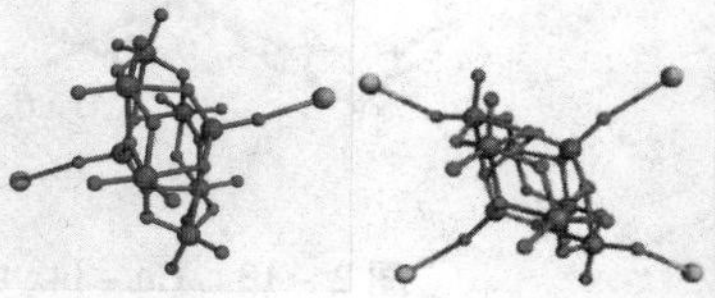	[2+4]
3	$[Cu_{12}(C_7H_{12}N_8S_2)_9$ $(HSi-W_{12}O_{40})_4] \cdot 0.5H_2O$	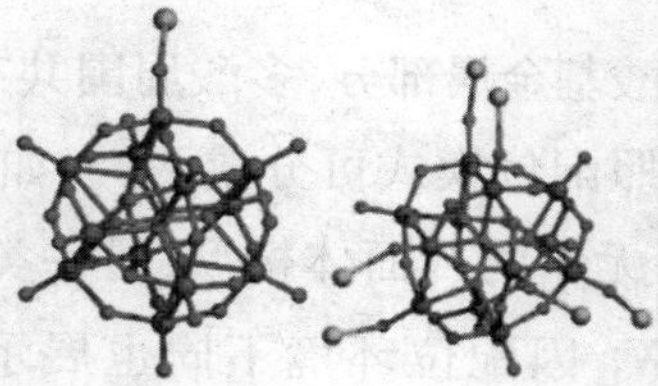	[1+6]
4	$[Ag_8(btp)_4(H_2O)_2$ $(HP-W_{10}^{VI}W_2^{V}O^{40})_2] \cdot H_2O$	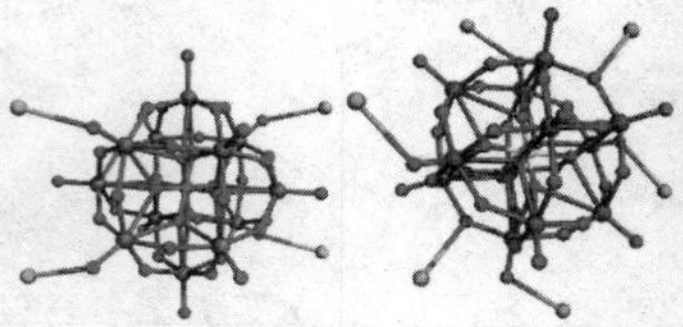	[4+6]
5	$H_2[Cu_{11}(btb)_{19}(H_2O)_6-$ $(P_2W_{16}^{VI}W_2^{V}O_{62})_3] \cdot 12H_2O$	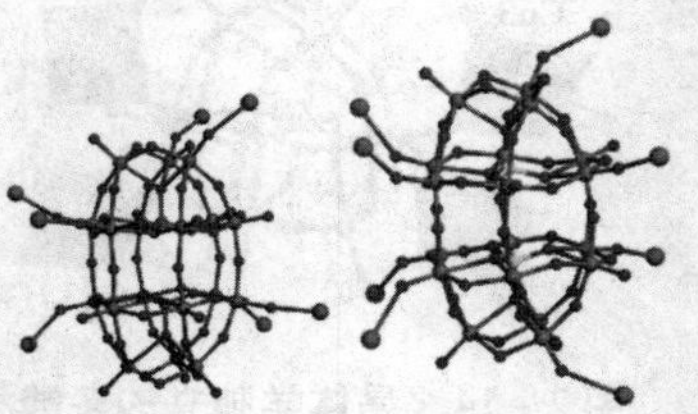	[7+8]

更有趣的是，该多酸基金属有机框架具有一定的孔道结构，因而一维链 Cu‒btx 作为分子"线"穿插到由 W_{12}‒Cu‒btx 构成的分子"环"中，如图 2‒15 所示，形成一维+三维的准轮烷结构，如图 2‒16 所示。

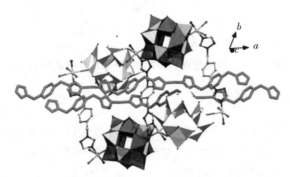

图 2‒15　一维分子"线"Cu‒btx 穿插到 W_{12}‒Cu‒btx 分子"环"中

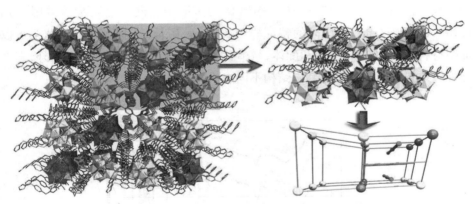

图 2‒16　一维+三维的准轮烷结构（多面体代表偏钨酸）

同时，该准轮烷结构中的氢键（C56⋯O51 和 N32⋯O69）可以起到稳定总体结构的作用，如图 2‒17 所示。

▶ 铜

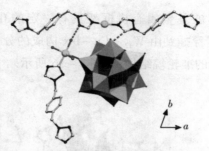

图 2-17 准轮烷结构中的氢键(多面体代表偏钨酸)

2.3.2 红外光谱测试

为了辅助验证材料 1~3 中包含多酸和有机配体,笔者对其进行了红外光谱测试,测试结果如图 2-18 所示。材料 1~3 在 932(m)cm^{-1}、877(s)cm^{-1} 和 772(s)cm^{-1} 附近的特征峰归属于 W_{12} 多阴离子中 W—O 的对称伸缩振动和非对称伸缩振动:W=O_d(O_d 为多酸中的端氧)、W—O_b—W(O_b 为多酸中不同三金属簇的共用氧原子)和 W—O_c—W(O_c 为多酸中相同三金属簇的共用氧)。1526~1132(w)cm^{-1} 范围内的特征峰归属于 btx 配体。因此,该测试结果可以证明材料 1~3 中包含多酸和配体,与单晶 X 射线测试结果相吻合。另外,三者红外峰位置的微小差别是其微结构不同造成的。

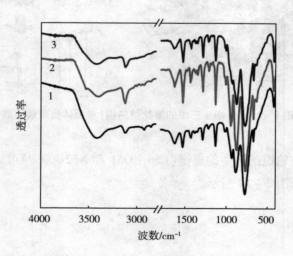

图 2-18 材料 1~3 的红外光谱图

2.3.2 元素分析

材料1的元素分析测试值(%)为：W，56.20；Cu，4.92；C，11.99；H，1.64，N，7.11。理论计算值(%)为：W，53.86；Cu，4.65；C，12.32；H，1.67；N，7.18,实验测试结果与理论计算结果吻合。材料2的元素分析测试值(%)为：W，56.03；Cu，5.54；C，13.57；H，1.46；N，8.03。理论计算值(%)为：W，53.30；Cu，5.37；C，13.93；H，1.49；N，8.12。实验测试结果与理论计算结果吻合。材料3的元素分析测试值(%)为：W，55.09；Cu，6.29；C，12.68；H，1.42；N，7.32。理论计算值(%)为：W，53.62；Cu，6.18；C，12.85；H，1.45；N，7.49。实验测试结果与理论计算结果吻合。

2.3.4 粉末X射线衍射

为了进一步验证材料1~3的纯度，笔者对其进行了粉末X射线衍射测试，测试结果如图2-19所示。分别对比三个材料实际测试得到的谱图与单晶解析数据模拟的谱图，它们的主峰位置基本一致，表明材料1~3的纯度较好；峰强度不同可以归因于晶体暴露面的晶面取向不同。

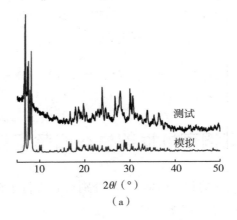

(a)

▶ 铜

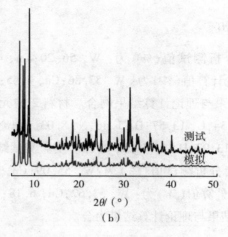

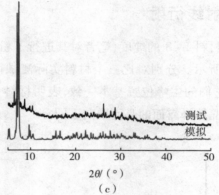

图 2-19 材料 1~3 模拟和测试的 XRD 谱图
(a)材料 1;(b)材料 2;(c)材料 3

2.4 偏钨酸基铜有机框架材料的超电性能研究

为了考察材料 1~3 的超电性能,笔者分别对其进行了循环伏安测试、恒流充放电测试、交流阻抗测试和循环稳定性测试。其中,循环伏安测试记录下了电压随电流变化的曲线,根据曲线形状初步判断电极材料为赝电容电极材料还是双电层电极材料,且可以根据氧化还原峰的峰电流与扫速的关系考察反应过程是表面控制过程还是扩散控制过程;恒流充放电测试记录下了电压随时间变化的曲线,根据曲线形状辅助判断电极材料的电容倾向,且可以根据设置的电流和放电时间计算电极材料的比电容;交流阻抗测试记录下了虚部随实部变化的曲线,进而区分样品之间电阻的大小以及材料在反应过程中离子扩散的难易;循环稳定性测试是通过多次恒流充放电间接得到的,用来说明电极材料的循环寿命。

(1)电极制备过程

预处理3 mm玻碳电极(GCE):首先,依次将粒径为1 μm、0.5 μm、0.3 μm和0.05 μm的Al_2O_3粉末进行抛光,冲洗干净;然后在无水乙醇和去离子水中依次进行超声洗涤各30 s;最后在铁氰化钾溶液中以$0.1 V \cdot s^{-1}$的扫速于三电极体系中对预处理的玻碳电极进行循环伏安测试。扫描电位范围为0~0.6 V。当氧化峰和还原峰的峰电位差小于70 mV时,即玻碳电极被预处理合格。

修饰玻碳电极:取2.5 mg待测样品与2.5 mg乙炔黑混合,充分研磨后加入0.5 mL去离子水,超声2 h后分散均匀,形成浆液状。采用移液枪移取10 μL上述浆液滴涂在预处理合格的玻碳电极表面,室温下静置3 h,再在已滴加样品的玻碳电极表面再滴加2.5 μL Nafion,室温下静置1 h即完成了修饰电极的过程。

(2)超电性能测试过程

本书中所有电化学测试均在$1 mol \cdot L^{-1} H_2SO_4$电解液中进行,测试过程均采用三电极体系:铂丝为对电极、Ag/AgCl为参比电极、修饰后的玻碳电极为工作电极。

2.4.1 循环伏安测试

为了测试材料1~3更倾向于赝电容特性还是双电层电容特性,笔者对这些材料进行了循环伏安测试。如图2-20所示,由内到外扫速分别为$5 mV \cdot s^{-1}$、$10 mV \cdot s^{-1}$、$30 mV \cdot s^{-1}$、$50 mV \cdot s^{-1}$、$70 mV \cdot s^{-1}$、$90 mV \cdot s^{-1}$和$100 mV \cdot s^{-1}$,参照偏钨酸盐的电压范围,选择-0.55~0 V Ag/AgCl作为电压窗口。

图2-20展现出多对准可逆的氧化还原峰而非矩形峰,因此材料1~3属于典型的赝电容特性占主导的材料。同时,这些循环伏安曲线随扫速的变化,仅电流强度发生改变,而形状几乎不变,说明反应过程中电极表面发生了可逆的法拉第反应,表明该材料具有较好的倍率特性。循环伏安测试结果表明,材料1~3均展示出两对氧化还原峰。以材料1为例,当扫速为$100 mV \cdot s^{-1}$时,它的两对峰的半波电位($E_{1/2}$)约为-0.34 V(Ⅱ-Ⅱ′)和-0.48 V(Ⅰ-Ⅰ′),这两

▶ 铜

对氧化还原峰归属于 W_{12} 的两个单电子得失过程。当扫速不同时,峰电位的轻微偏移过程归属于电极的内阻和电极界面的极化效应。

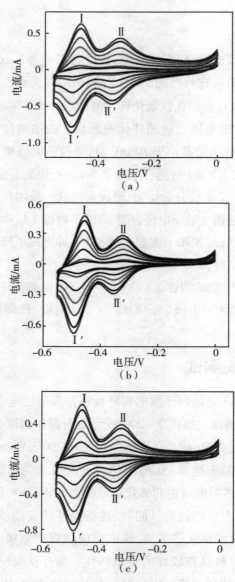

图 2-20 材料 1~3 的循环伏安曲线
(a)材料 1;(b)材料 2;(c)材料 3

当扫速为 5~100 mV·s^{-1} 时,所有氧化还原峰的峰电流随扫速呈线性递增,如图 2-21 所示,该结果表明此过程为表面控制过程。另外,将材料 1~3 在 100 mV·s^{-1} 时的循环伏安曲线面积归一化后,结果分别为 0.42、0.25 和 0.33,因此,初步判定比电容顺序为材料 1 > 材料 3 > 材料 2。

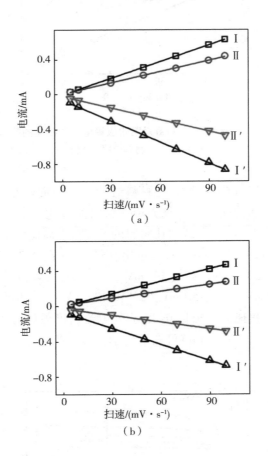

▶ 铜

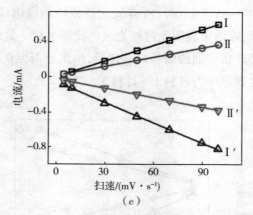

图2-21 材料1~3的每对阴阳极峰电流与扫速的关系图
(a)材料1;(b)材料2;(c)材料3;

电化学活性面积(ECSA)是表征材料活性的一个重要参数,该值与电化学双电层电容值(C_{dl})呈正相关,C_{dl}越大说明材料的电化学活性面积越大。因此通过不同扫速下获得的CV曲线对比材料的C_{dl}值,进而比较不同材料的电化学活性面积大小。图2-22(a)~(c)展示出材料1~3在0.3~0.4 V之间,扫速为10 mV·s^{-1}、20 mV·s^{-1}、40 mV·s^{-1}、60 mV·s^{-1}、80 mV·s^{-1}、100 mV·s^{-1}、120 mV·s^{-1}、150 mV·s^{-1}和200 mV·s^{-1}的循环伏安曲线以及三者的电流密度-扫速图。根据0.35 V处电流密度差值计算斜率,根据斜率大小对比C_{dl}值,由图2-22(d)可知电化学活性面积顺序为材料1>材料3>材料2。

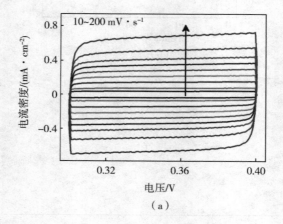

(a)

第 2 章　偏钨酸基铜有机框架材料制备及其超电性能研究

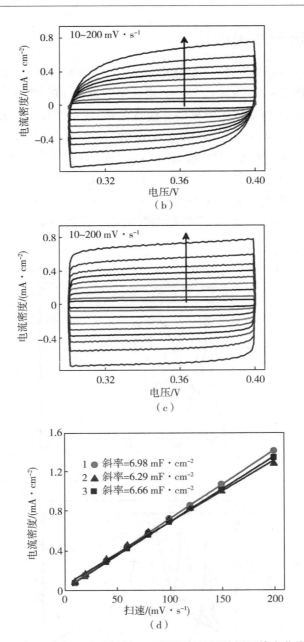

图 2-22　(a)~(c) 材料 1~3 不同扫速下的循环伏安曲线及其 (d) 电流密度-扫速图

▶ 铜

2.4.2 恒流充放电测试

为了进一步判断材料 1~3 的比电容大小,笔者对这些材料进行了恒流充放电测试。如图 2-23(a)~(c)所示,电压窗口选为 -0.55~0 V,从图中可知曲线中电压与时间均呈现出明显的非线性关系,进一步证明材料 1~3 均表现为赝电容特性占主导。另外,依据比电容计算公式,在电流密度分别为 3 A·g^{-1}、5 A·g^{-1}、8 A·g^{-1} 和 10 A·g^{-1} 时,材料 1~3 的比电容分别为 50.0 F·g^{-1}、42.3 F·g^{-1}、36.4 F·g^{-1} 和 34.0 F·g^{-1},19.1 F·g^{-1}、15.7 F·g^{-1}、15.1 F·g^{-1} 和 14.5 F·g^{-1},31.1 F·g^{-1}、26.4 F·g^{-1}、23.3 F·g^{-1} 和 20.0 F·g^{-1}。三者比电容均高于母体多酸化合物,如图 2-23(d)所示。

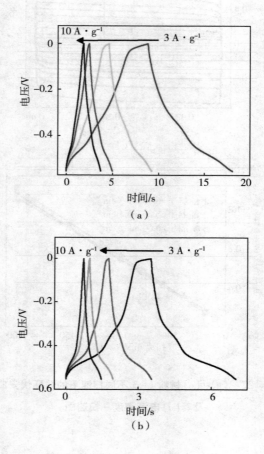

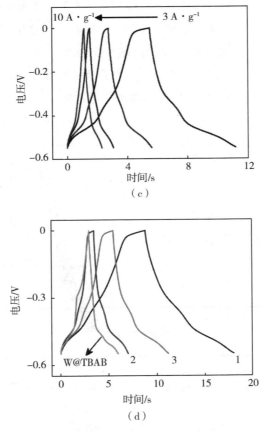

图2-23 (a)~(c)材料1~3在电流密度分别为3 A·g⁻¹、5 A·g⁻¹、8 A·g⁻¹和10 A·g⁻¹时的恒流充放电曲线及(d)与母体多酸的对比曲线

由计算结果可知,随着电流密度的增大,比电容值逐渐降低。其原因可能是,随着电流密度的增大,电解液中离子在电极表面的扩散和迁移速率将受到一定的阻碍,进而导致溶液中的电荷来不及传递到活性材料的内部,使得反应过程不够充分。另外,正如预期结果那样,材料1~3的比电容大小顺序与相对应循环伏安曲线围成的面积顺序一致。

2.4.3 交流阻抗性测试

为进一步考察材料1~3的比电容与材料电阻之间的关系,笔者对其进行

▶ 铜

了交流阻抗测试。如图2-24所示，以实部（Z'）和虚部（Z''）作图得到的 Nyquist图中高频区并没有展示出明显的半圆结构，因而这里以曲线与实轴的交点代表修饰电极材料的欧姆阻抗，同时，这个交点也代表该材料的电子传导能力。因此，由图可知三个材料中材料1展示了最好的导电性。另外，在低频区，材料1的斜率最大，表明其具有最小的离子扩散电阻。

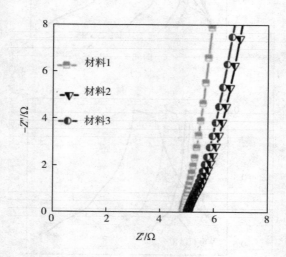

图2-24　材料1~3修饰电极的交流阻抗谱

　　该结果与循环伏安测试和恒流充放电测试结果一致。进一步证明，尽管材料1~3均由相同组分的多酸、铜离子和配体构成，但三个材料具有不同的微结构导致材料1具有较好的导电性和较小的离子扩散电阻，从而说明导电性与其微结构是密切相关的。

2.4.4　循环稳定性测试

　　为了考察材料1~3的循环稳定性，笔者对其进行了1000次的重复充放电测试。结果如图2-25所示，三个材料均展示了较优异的电容保持率，分别为89%、91%和91%。材料优异的电容保持率可能归因于它们的结构中包含丰富的共价键、非共价键以及框架结构中的微腔构造，这些特殊的构造为其在充放电过程中发生的轻微膨胀提供空间，因而使多酸基金属有机框架材料具有较好的稳定性。

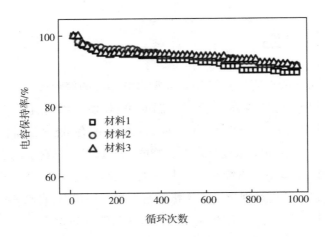

图 2-25 材料 1~3 在电流密度为 10 A·g^{-1} 时
充放电 1000 次的电容保持率

2.5 偏钨酸基铜有机框架材料结构与超电性能的关系

本章利用三乙胺矿化剂对材料的结构进行了定向调控。材料 1 的体系中不含三乙胺,该材料是由 W_{12}-Cu-btx 构成的三维简单金属有机框架结构;若向材料 1 的体系中加入 0.05 mL 三乙胺,则展示出由 W_{12}-Cu-btx 构成的二维层紧密堆积的叉指结构材料 2;若向材料 2 的合成体系中再加入 0.25 mL 三乙胺,最终展示出 $\{-Cu-btx-\}_n$ 分子线贯穿分子环构成的一维+三维准轮烷结构材料 3。三者之间比电容大小顺序为材料 1 > 材料 3 > 材料 2,原因可能是:(1)材料 1 呈简单三维框架结构,同时展示出更大的电化学活性面积;(2)材料 2 呈二维层结构,可能在二维无限延展方向有利于电子传输,但层结构间存在部分交叠形成叉指结构,因此紧密堆积成三维超分子构型,大大降低了材料的导电性;(3)材料 3 呈一维+三维准轮烷结构,其中,游离的 Cu-btx 一维链有利于电子传输,但其暴露的活性位点多被游离链占据。综上所述,在超电性能方

▶ 铜

面,简单三维结构的材料1优于一维+三维准轮烷结构的材料3,优于二维叉指结构紧密堆积的材料2。

2.6 本章小结

在本章中,多酸选用结构与Keggin型多酸相似的偏钨酸铵,铜盐为乙酸铜,配体为btx,采用水热合成方法,在反应温度和pH值均相同的情况下,通过向体系中引入不同浓度的三乙胺合成了三种偏钨酸基铜有机框架材料。

(1)体系中矿化剂的浓度是影响产物的重要因素。材料1的合成过程中体系不含三乙胺,结构呈现出简单三维框架构型;材料2的合成过程中体系含有0.05 mL三乙胺,结构呈现出二维叉指紧密堆积双层构型;材料3的合成过程中体系含有0.30 mL三乙胺,结构呈现出一维+三维准轮烷构型。

(2)采用三电极体系测试了材料1~3的电化学行为。循环伏安测试和恒流充放电测试结果表明,三者均属于赝电容电极材料,当电流密度为3 A·g^{-1}时,三者的比电容分别为50.0 F·g^{-1}、19.1 F·g^{-1}和31.1 F·g^{-1};当电流密度为10 A·g^{-1}时,循环充放电1000次的电容保持率分别为89%、91%和91%。

(3)材料1~3的晶体结构具有相同的组分和不同的微结构,所以这三个材料为研究微结构与超电性能之间的关系提供了便利模型。通过比较三者的电容性能发现,呈现简单三维构型的框架材料优于具有一维+三维准轮烷结构的材料,优于由二维叉指结构紧密堆积的双层材料。

第 3 章　硅钨酸基铜有机框架材料制备及其超电性能研究

3.1　引言

超级电容器电极材料是影响其性能的核心部分,而多酸因具有类 RuO_2 的可逆快速多电子转移反应,在超级电容器领域具有潜在的应用价值。同时,硅钨酸已经被作为电极材料研究其电容性。本章采用与上一章相同的合成理念,将体系中的偏钨酸替换成结构相似的硅钨酸,考察多酸类型改变后三乙胺作为矿化剂,对构筑微结构不同的硅钨酸基铜有机框架材料结构的影响,总结不同微结构的硅钨酸基铜有机框架材料的结构与其超电性能的规律,为开发电容性能优异的硅钨酸基电极材料提供实验依据。

本章选用杂多酸 SiW_{12}、有机配体 btx、金属盐 $Cu(Ac)_2 \cdot 2H_2O$,在体系温度和 pH 值均相同的情况下调控三乙胺的浓度,实现了对目标材料的结构控制,合成了三个硅钨酸基铜有机框架材料,流程图如图 3-1 所示。

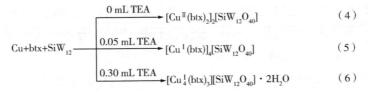

图 3-1　目标产物合成流程图

反应原料的选择基于以下原因:(1)硅钨酸作为最典型的 Keggin 型杂多酸之一,被研究得颇为广泛,它是首个被确定成分的杂多酸,代表着多酸时代的开

▶ 铜

始。相比偏钨酸,其中心位置被替换为硅原子,多酸类型由同多酸变为杂多酸,且其氧化性强于偏钨酸。(2)材料中 btx 的高含氮量有利于增强导电性,同时其分子内的柔性基团—CH_2 有利于形成丰富的结构。(3)铜离子配位模式多样(配位数 2~6),有利于构筑结构丰富的框架材料。

采用单晶 X 射线衍射、红外光谱以及粉末 X 射线衍射手段对材料进行结构表征。通过循环伏安测试、恒流充放电测试和电化学阻抗测试等电化学手段对其超电性能进行研究。探讨了不同微结构材料与其超电性能之间的关系,总结不同微结构的硅钨酸基铜有机框架材料的结构对其超电性能的影响。

3.2 硅钨酸基铜有机框架材料的制备

(1)材料 4 的制备

分别称取 0.3735 g (0.12 mmol) $H_4[SiW_{12}O_{40}]\cdot 13H_2O$、0.0479 g (0.24 mmol) $Cu(Ac)_2\cdot 2H_2O$ 和 0.0433 g (0.18 mmol) btx,依次加入 15 mL 二次蒸馏水中,室温下搅拌 2 h。然后将上述悬浊液用 1 mol·L^{-1} 的 HCl/NaOH 调节至 pH 值为 2.0 左右,转移至 25 mL 聚四氟乙烯反应釜中,在 160 ℃ 下恒温反应 3 天,程序降温至室温后,得到蓝色块状晶体,水洗后干燥,产率约为 42%(以 W 计算)。

(2)材料 5 的制备

材料 5 的制备过程与材料 4 相似,仅在室温搅拌前向体系中加入 0.05 mL 三乙胺。最终得到黄色块状晶体,水洗后干燥,产率约为 40%(以 W 计算)。

(3)材料 6 的制备

材料 6 的制备过程与材料 4 相似,仅在室温搅拌前向体系中加入 0.30 mL 三乙胺。最终得到黄色块状晶体,水洗后干燥,产率约为 40%(以 W 计算)。

(4)材料 SiW@TBAB 的制备

取 0.1245 g (0.04 mmol) $H_4[SiW_{12}O_{40}]\cdot 13H_2O$ 溶解在 20 mL 水中不断搅拌,再将 0.0516 g (0.16 mmol) TBAB 加入上述溶液中不断搅拌 1 h,将上述溶液中产生的沉淀收集、洗涤并干燥。

3.3 硅钨酸基铜有机框架材料的表征

3.3.1 单晶 X 射线衍射

材料 4~6 的晶体学数据见表 3-1。

表 3-1 材料 4~6 的晶体学数据

材料	4	5	6
化学式	$C_{48}H_{48}Cu_2N_{24}O_{40}SiW_{12}$	$C_{48}H_{48}Cu_4N_{24}O_{40}SiW_{12}$	$C_{36}H_{40}Cu_4N_{18}O_{42}SiW_{12}$
相对分子质量	3962.29	4089.38	3885.15
T/K	293	293	293
晶系	单斜	三斜	单斜
空间群	$P2_1/n$	$P-1$	$P2_1/c$
$a/Å$	11.3652(11)	12.8784(2)	14.6261(3)
$b/Å$	15.7528(17)	13.8121(2)	20.8817(5)
$c/Å$	22.9170(2)	14.2592(3)	11.5068(3)
$\alpha/(°)$	90.0000	71.3621(18)	90.0000
$\beta/(°)$	97.739(2)	65.940(2)	95.644(2)
$\gamma/(°)$	90.0000	64.0757(18)	90.0000
$V/Å^3$	4065.50(7)	2051.88(8)	3497.34(14)
Z	3568	1842	3464
指标范围	$-11 \leq h \leq 14$ $-20 \leq k \leq 19$ $-29 \leq l \leq 26$	$-15 \leq h \leq 15$ $-16 \leq k \leq 16$ $-16 \leq l \leq 16$	$-17 \leq h \leq 17$ $-24 \leq k \leq 24$ $-13 \leq l \leq 13$
R_{int}	0.1059	0.0512	0.0627
GOF on F^2	1.014	1.182	1.171
$R_1^a, wR_2^b[I>2\sigma(I)]$	0.0607, 0.1055	0.0368, 0.0722	0.0952, 0.2041
R_1^a, wR_2^b (all data)	0.1265, 0.1263	0.0399, 0.0734	0.0984, 0.2058

▶ 铜

(1) 材料 4 的单晶结构分析

材料 4 为单斜晶系,空间群为 $P2_1/n$。材料的单胞结构包括 $[SiW_{12}O_{40}]^{4-}$(简写为 SiW_{12})多阴离子和由 78 元大环围成的三维开放的 $[Cu(btx)_4]$ 框架结构。大环由 6 个 btx 配体和 6 个铜离子交替相连而成,如图 3-2 所示。另外,相邻大环又通过共享边和共享角共同围成了沿 a 轴方向具有纳米孔道的框架结构,如图 3-3 所示。每个铜离子与 4 个 btx 配体和 2 个氧原子配位,又由于其特有的 Jahn–Teller 效应展示出无序的八面体构型。另外,SiW_{12} 多阴离子展示出典型的 α-Keggin 结构,其中所有的 W—O 键长均在 1.640(12)~2.500(2) Å 之间。同时,SiW_{12} 多阴离子中心的硅原子被 8 个无序的氧原子包围,每个氧原子呈半占据状态。因此,材料 4 的结构特点是每个 SiW_{12} 多阴离子作为客体分子通过自身的端氧与 4 个来自主体分子且包含 78 元大环的 $[Cu(btx)_4]$ 金属有机框架配位,共同构筑成一个新颖的三维金属有机框架包裹多酸(POM@MOF)的结构,如图 3-4 所示。

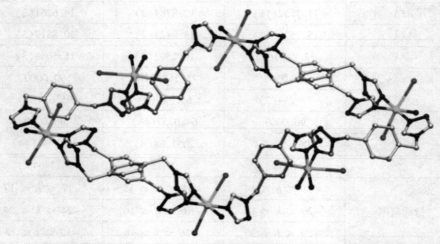

图 3-2 由 6 个 btx 配体和 6 个铜离子交替相连构成的 78 元大环结构

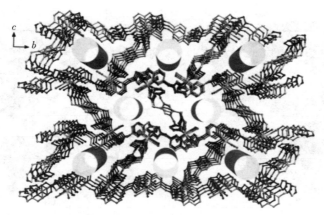

图3-3 相邻大环通过共享边和共享角围成的沿 a 轴方向具有纳米孔道的框架结构

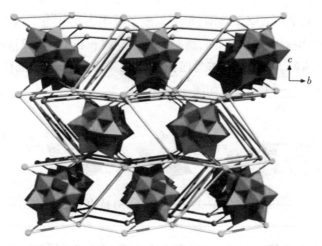

图3-4 新颖的三维多酸基金属有机框架包裹多酸结构(多面体代表硅钨酸)

(2)材料5的单晶结构分析

材料5为三斜晶系,空间群为 $P-1$。材料的单胞结构包括二维的 SiW_{12} - Cu - btx 层和两种互相垂直的 Cu - btx 一维链,如图3-5所示。

▶ 铜

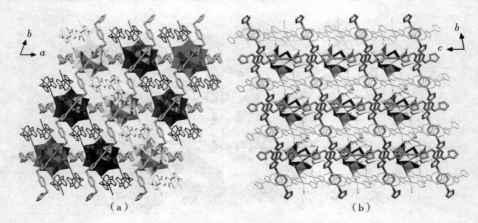

图3-5 材料5沿(a)c轴和(b)a轴方向堆积

对于SiW_{12}-Cu-btx层结构,在组成单元之一的SiW_{12}多阴离子中,中心的硅原子被8个无序的氧原子包围,每个氧原子呈半占据状态。这种多阴离子展示出典型的α-Keggin结构,同时,所有的W—O键长在1.671(7)~2.458(12)Å之间。每一个SiW_{12}多阴离子作为四齿配体与4个Cu2离子配位形成特殊的{═POM═$(Cu)_2$═}微结构,如图3-6所示。

图3-6 {═POM═$(Cu)_2$═}结构示意图

同时,每个Cu2离子与2个btx和2个SiW_{12}多阴离子配位:Cu2与btx配位的Cu—N键长分别为1.886(10)Å和1.894(10)Å,与多酸配位的Cu—O键长分别为2.656 Å和2.728 Å。另外,对于Cu-btx一维链而言,两个晶体学独立的铜离子分别通过两个Cu1—N1[(键长1.832(11)Å)]和两个Cu3—N10[(键长1.850(11)Å)]与btx配位,形成两个垂直方向的N1—Cu1—N1一维链和N10—Cu3—N10一维链。另外,在SiW_{12}-Cu-btx二维层结构和两种互相垂直的Cu-btx一维链之间存在着大量的氢键作用,使得层结构和链结构连到一起,形成三维超分子结构,如C19…N3、N11…N3、C20…N3、O15…C4、O15…

· 56 ·

C3、O15⋯C2、O16⋯C2、O3⋯C1 和 C11⋯C23 等,如图 3-7 所示。

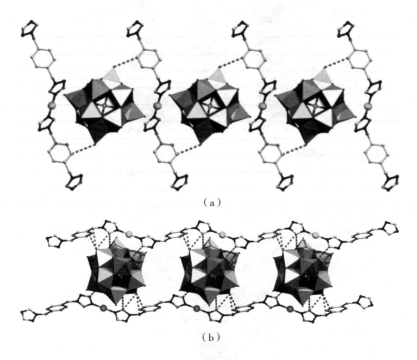

图 3-7　分子内沿(a)a 轴方向和(b)b 轴方向的氢键图(多面体代表硅钨酸)

(3)材料 6 的单晶结构分析

材料 6 为单斜晶系,空间群为 $P2_1/c$。材料的单胞结构包括 Keggin 型 SiW_{12} 多阴离子、两个晶体学独立的铜离子、btx 配体和孤立的水分子。SiW_{12} 中心的硅原子被 8 个无序的氧原子包围,每个氧原子呈半占据状态,所有的 W—O 键长均在 1.660(3)~2.450(5) Å 之间。每个 SiW_{12} 多阴离子与 6 个铜离子配位。也就是说,每个 SiW_{12} 多阴离子连接 2 个 Cu1 离子形成沿 a 轴方向的 POM - Cu1 - btx 微结构的同时,又连接 4 个 Cu2 离子形成沿 c 轴方向的 [═POM═$(Cu)_2$] 微结构。随后,POM - Cu1 - btx 和 [═POM═$(Cu)_2$] 微结构融合到一起,通过共享铜离子延展成沿 ac 平面的二维层状结构,如图 3-8 所示。

▶ 铜

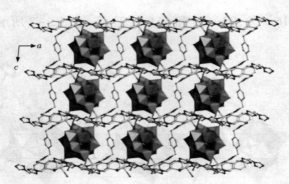

图3-8 由微结构 POM-Cu1-btx 和[—POM—(Cu)$_2$—]构筑的二维层状结构(多面体代表硅钨酸)

相邻层状结构之间通过氢键相连,O5···C11 距离为 3.077 Å,O13···C2 距离为 3.213 Å,如图 3-9 所示,并最终形成紧密堆积的叉指结构,如图 3-10 所示。

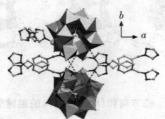

图3-9 二维层状结构中沿 c 轴方向的氢键(多面体代表硅钨酸)

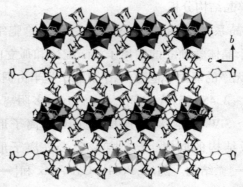

图3-10 材料6的三维超分子结构(多面体代表硅钨酸)

3.3.2 红外光谱测试

为了辅助验证材料 4~6 中包含多酸和有机配体,笔者对其进行了红外光谱测试,测试结果如图 3-11 所示。材料 4~6 在 1013(w)cm^{-1}、923(s)cm^{-1}、878(w)cm^{-1} 和 795(s)cm^{-1} 附近的特征峰归属于 $[SiW_{12}]^{3-}$ 多阴离子中 Si—O 和 W—O 的对称伸缩振动和非对称伸缩振动:Si—O_a、W=O_d、W—O_b—W 和 W—O_c—W。1529~1025(w)cm^{-1} 范围内的特征峰归属于 btx 配体。因此,该测试结果可以证明材料 4~6 中包含多酸和配体,与单晶 X 射线测试结果相吻合。另外,三者红外峰位置的微小差别是其微结构不同造成的。

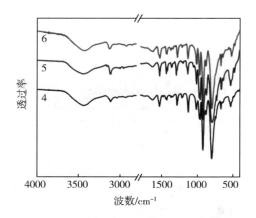

图 3-11　材料 4~6 的红外光谱图

3.3.3 元素分析

材料 4 的元素分析测试值(%)为:W,57.90;Cu,3.33;C,14.22;H,1.20;N,8.31。理论计算值(%)为:W,55.68;Cu,3.21;C,14.55;H,1.22;N,8.48。实验测试结果与理论计算结果吻合。材料 5 的元素分析测试值(%)为:W,56.20;Cu,6.52;C,13.85;H,1.16;N,8.03。理论计算值(%)为:W,53.95;Cu,6.22;C,14.10;H,1.18;N,8.22。实验测试结果与理论计算结果吻合。材料 6 的元素分析测试值(%)为:W,59.14;Cu,6.82;C,10.98;H,1.02;N,6.28。理论计算值(%)为:W,56.78;Cu,6.54;C,11.13;H,

▶ 铜

1.04;N,6.49。实验测试结果与理论计算结果吻合。

3.3.4 粉末 X 射线衍射

为了进一步验证材料 4~6 的纯度,笔者对其进行了粉末 X 射线衍射测试,测试结果如图 3-12 所示。分别对比三个框架材料实际测试得到的谱图与单晶解析数据模拟的谱图,它们的主峰位置基本一致,表明材料 4~6 的纯度较好;峰强度不同可以归因于晶体暴露面的晶面取向不同。

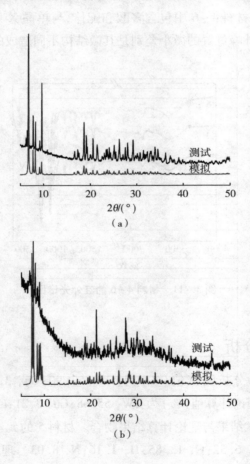

第 3 章 硅钨酸基铜有机框架材料制备及其超电性能研究

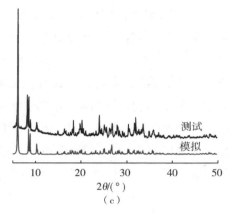

图 3-12 材料 4~6 模拟和测试的 XRD 谱图
(a)材料 4;(b)材料 5;(c)材料 6

3.4 硅钨酸基铜有机框架材料的超电性能研究

为了考察材料 4~6 的超电性能,笔者分别对其进行了循环伏安测试、恒流充放电测试、交流阻抗测试和循环稳定性测试。其中,循环伏安测试记录下了电压随电流变化的曲线,根据曲线形状初步判断电极材料为赝电容电极材料还是双电层电极材料,且可以根据氧化还原峰的峰电流与扫速的关系考察反应过程是表面控制过程还是扩散控制过程;恒流充放电测试记录下了电压随时间变化的曲线,根据曲线形状辅助判断电极材料的电容倾向,且可以根据设置的电流和放电时间计算电极材料的比电容;交流阻抗测试记录下了虚部随实部变化的曲线,进而区分样品之间电阻的大小以及材料在反应过程中离子扩散的难易;循环稳定性测试是通过多次恒流充放电间接得到的,用来说明电极材料的循环寿命。

3.4.1 循环伏安测试

为了测试材料 4~6 更倾向于赝电容特性还是双电层电容特性,笔者对这些材料进行了循环伏安测试。如图 3-13 所示,由内到外扫速分别为 5 mV·s^{-1}、10 mV·s^{-1}、30 mV·s^{-1}、50 mV·s^{-1}、70 mV·s^{-1}、90 mV·s^{-1} 和 100 mV·s^{-1},参照硅钨酸盐的电压范围,选择 -0.65~0 V Ag/AgCl 作为电压

▶ 铜

窗口。图中展现出多对准可逆的氧化还原峰而非矩形峰,因此材料4~6属于典型的赝电容特性占主导的材料。同时,这些循环伏安曲线随扫速的变化,仅电流强度发生改变,而形状几乎不变,说明反应过程中电极表面发生了可逆的法拉第反应,表明该材料具有较好的倍率特性。循环伏安测试结果表明,材料4~6均展示出多对氧化还原峰。以材料5为例,当扫速为100 mV·s^{-1}时,其三对峰的半波电位约为 −0.30 V(Ⅲ−Ⅲ′)、−0.46 V(Ⅱ−Ⅱ′)和 −0.61 V(Ⅰ−Ⅰ′),这三对氧化还原峰归属于SiW$_{12}$的两个单电子过程和一个两电子过程。当扫速不同时,峰电位的轻微偏移过程归属于电极的内阻和电极界面的极化效应。

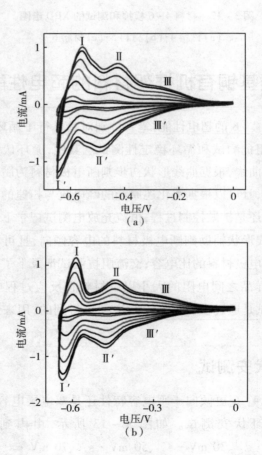

第3章 硅钨酸基铜有机框架材料制备及其超电性能研究

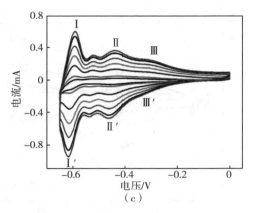

图3-13 材料4~6的循环伏安曲线
(a)材料4;(b)材料5;(c)材料6

另外,当扫速为5~100 mV·s^{-1}时,所有氧化还原峰的峰电流随扫速呈线性递增,如图3-14所示,该结果表明此过程为表面控制过程。另外,将材料4~6在100 mV·s^{-1}时的循环伏安曲线面积归一化后,结果分别为0.37、0.39、0.24,因此,初步判定比电容顺序为材料5 > 材料4 > 材料6。

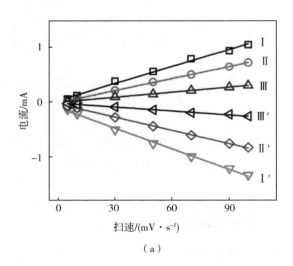

(a)

▶ 铜

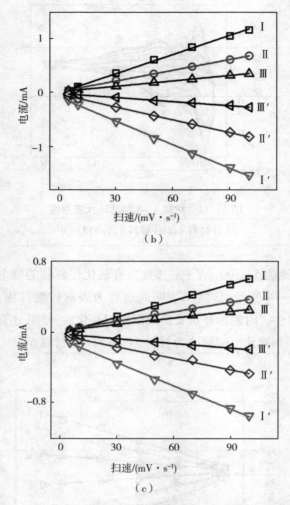

图 3-14 材料 4~6 的每对阴阳极峰电流与扫速的关系图
(a)材料 4;(b)材料 5;(c)材料 6

3.4.2 恒流充放电测试

为了进一步判断材料 4~6 的比电容大小,笔者对这些材料进行了恒流充放电测试。如图 3-15 所示,电压窗口选为 -0.65~0 V,从图中可知曲线中电压与时间均呈现出明显的非线性关系,进一步证明材料 4~6 均表现为赝电容特性占主导。另外，依据比电容计算公式，在电流密度分别为 3 A·g^{-1}、5 A·g^{-1}、8 A·g^{-1} 和 10 A·g^{-1} 时，材料 4~6 的比电容分别为 79.8 F·g^{-1}、73.1 F·g^{-1}、67.7 F·g^{-1} 和 67.7 F·g^{-1}，110.3 F·g^{-1}、90.4 F·g^{-1}、80.7 F·g^{-1} 和 76.9 F·g^{-1}，62.8 F·g^{-1}、45.4 F·g^{-1}、40.6 F·g^{-1} 和 40.0 F·g^{-1}。三者比电容均高于母体多酸化合物。

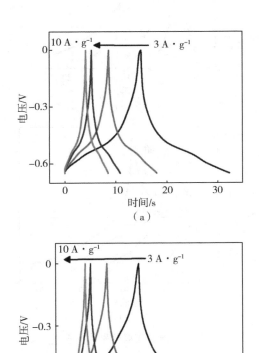

▶ 铜

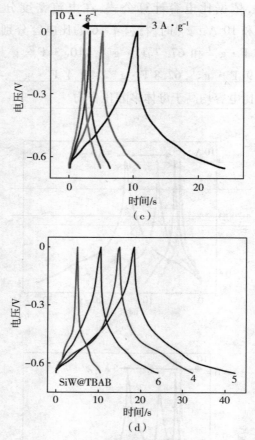

图3-15 (a)~(c)材料4~6在电流密度分别为 $3\ A\cdot g^{-1}$、$5\ A\cdot g^{-1}$、$8\ A\cdot g^{-1}$ 和 $10\ A\cdot g^{-1}$ 时的恒流充放电曲线及(d)与母体多酸的对比曲线

由计算结果可知,随着电流密度的增大,比电容值逐渐降低。其原因可能是,随着电流密度的增大,电解液中离子在电极表面的扩散和迁移速率将受到一定的阻碍,进而导致溶液中的电荷来不及传递到活性材料的内部,使得反应过程不够充分。另外,正如预期结果那样,材料4~6的比电容大小顺序与相对应循环伏安曲线围成的面积顺序一致。

3.4.3 交流阻抗测试

为进一步考察材料4~6的比电容与材料电阻之间的关系,笔者对其进行了交流阻抗测试。如图3-16所示,以实部和虚部作图得到的Nyquist图中高频区并没有展示出明显的半圆结构,因而这里以曲线与实轴的交点代表修饰电极材料的欧姆阻抗,同时,这个交点也代表该材料的电子传导能力。因此,由图可知材料5展示了最好的导电性。另外,在低频区,材料5的斜率最大,表明其具有最小的离子扩散电阻。

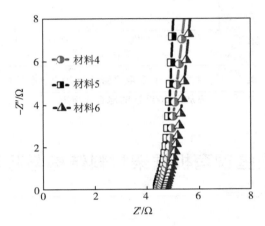

图3-16 材料4~6的修饰电极的交流阻抗谱

该结果与上述提到的循环伏安测试和恒流充放电测试结果一致。进一步证明,尽管材料4~6均由相同组分的多酸、铜离子和配体构成,但三个材料具有不同的微结构,导致材料5具有较好的导电性和较小的离子扩散电阻,从而说明导电性与其微结构是密切相关的。

3.4.4 循环稳定性测试

为了考察材料4~6的循环稳定性,笔者对其进行了1000次的重复充放电测试。结果如图3-17所示,三个材料均展示了较优异的电容保持率,分别为90%、85%和90%。材料优异的电容保持率可能归因于它们的结构中包含丰富的共价键、非共价键以及框架结构中的微腔构造,这些特殊的构造为框架材料在充放电过程中发生的轻微膨胀提供空间,因而使多酸基金属有机框架材料具有较好的稳定性。

▶ 铜

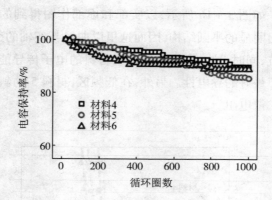

图 3-17 材料 4~6 在电流密度为 $10\ A\cdot g^{-1}$ 时充放电 1000 次的电容保持率

3.5 硅钨酸基铜有机框架材料结构与超电性能的关系

本章利用三乙胺矿化剂对材料的结构进行了定向调控。材料 4 的体系中不含三乙胺,该材料是由 SiW_{12}-Cu-btx 构成的简单三维金属有机框架为主体包裹客体多酸分子的结构;若向材料 4 的体系中加入 0.05 mL 三乙胺,则展示出由 SiW_{12}-Cu-btx 构成的二维层结构材料 5(两种垂直方向的 Cu-btx 链游离在二维层之间);若向材料 5 的合成体系中再加入 0.25 mL 三乙胺,最终展示出二维层紧密堆积形成的叉指结构的材料 6。三者之间比电容大小顺序为材料 5 > 材料 4 > 材料 6,原因可能是:(1)材料 4 呈简单主客体包裹构型,即三维框架结构暴露的活性位点较二维结构少;(2)材料 5 呈二维层结构,本身在二维无限延展方向有利于电子传输,暴露出更多的活性位点,有利于提高材料的导电性,另外,层间游离的两种垂直方向的 Cu-btx 链也为电子传输提供便利的途径;(3)材料 6 呈二维层结构,可能在二维无限延展方向有利于电子传输,但暴露的活性位点以疏水基团为主,且层结构间存在部分交叠形成叉指结构,因此紧密堆积成三维超分子构型,降低了材料的导电性。综上所述,在超电性能方面,二维层结构且包含两种垂直方向的一维链的材料 5 优于三维简单构型的材料 4,优于二维暴露疏水基团多、叉指结构紧密堆积的材料 6。

3.6 本章小结

本章以 Keggin 型硅钨酸为多酸,铜盐为乙酸铜,配体为 btx,采用水热合成方法,在反应温度和 pH 值均相同的情况下,通过向体系中引入不同浓度的三乙胺,合成了三种硅钨酸基铜有机框架材料。

(1) 体系中矿化剂的浓度是影响产物的重要因素。材料 4 的合成过程中体系不含三乙胺,结构中每个 SiW_{12} 多阴离子作为客体分子通过自身的端氧与 4 个来自主体分子且包含 78 元大环的 $[Cu(btx)_4]$ 金属有机框架配位,共同构筑成新颖的三维多酸包裹的有机框架结构;材料 5 的合成过程中体系含有 0.05 mL 三乙胺,该结构展示出明显的二维层结构,且包含两种互相垂直的一维链;材料 6 的合成过程中体系含有 0.30 mL 三乙胺,该结构由两种相连模式的多酸和金属相融合成二维层结构后,进一步通过层与层之间的氢键作用展示出三维超分子结构。

(2) 采用三电极体系测试了材料 4~6 的电化学行为。循环伏安测试和恒流充放电测试结果表明,三者均属于赝电容电极材料,当电流密度为 3 $A \cdot g^{-1}$ 时,三者的比电容分别为 79.8 $F \cdot g^{-1}$、110.3 $F \cdot g^{-1}$ 和 62.8 $F \cdot g^{-1}$;在 10 $A \cdot g^{-1}$ 的电流密度下,循环充放电 1000 次的电容保持率分别为 90%、85% 和 90%。

(3) 材料 4~6 的晶体结构具有相同的组分和不同的微结构,所以这三个材料为研究微结构与超电性能之间的关系提供了便利模型。通过比较三者的电容性能发现,有利于电子传输的二维层结构且包含游离 Cu–btx 链的材料优于三维简单构型材料,优于二维暴露疏水基团多、叉指结构紧密堆积的材料。

第 4 章 磷钨酸基铜有机框架材料制备及其超电性能研究

4.1 引言

多酸基金属有机框架材料因其电化学循环伏安特性曲线中展示出类 RuO_2 的可逆氧化还原峰,所以在超级电容器领域具有潜在的应用价值。近年来科研工作者也已经将磷钨酸作为电极材料研究它的电容性。

众所周知,水热合成技术在制备新型多酸基金属有机框架材方面料具有广泛的应用前景。其合成的产物受很多因素影响,不仅与体系的组成有很大关系,而且与体系的 pH 值、温度和反应时间等均有关系。以 pH 值为例,体系的 pH 值可能影响配体的质子化程度,从而影响配体的配位情况;另外,在一定范围内多酸分子内部离域的电子数受 pH 值影响也较大,进而影响多酸与金属的配位情况。综上,pH 值不管通过什么途径,最后均可能影响到产物的结构。

本章选用磷钨酸或 $K_5H_2[\{[Ti(OH)(ox)]_2(\mu-O)\}(\alpha-PW_{11}O_{39})] \cdot 13H_2O$、有机配体 btx、金属铜盐,通过改变体系 pH 值,研究不同组分和 pH 值对晶体结构的影响。三个磷钨酸基铜有机框架材料的合成流程图如图 4-1 所示。

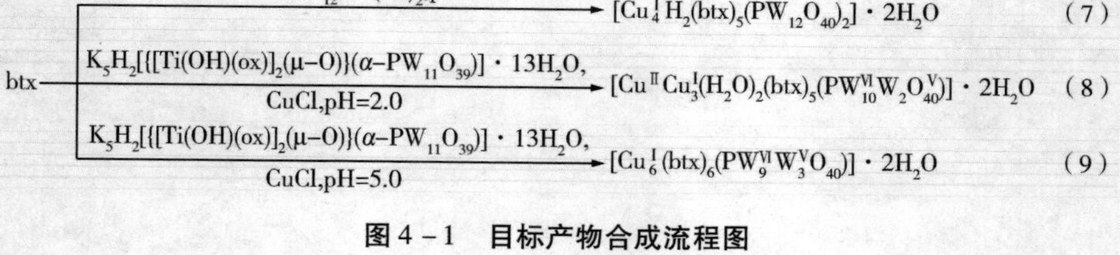

$$\text{btx} \begin{cases} \xrightarrow{PW_{12},Cu(Ac)_2,pH=2.0} [Cu_4^I H_2(btx)_5(PW_{12}O_{40})_2] \cdot 2H_2O & (7) \\ \xrightarrow{K_5H_2[\{[Ti(OH)(ox)]_2(\mu-O)\}(\alpha-PW_{11}O_{39})] \cdot 13H_2O,}{CuCl,pH=2.0} [Cu^{II}Cu_3^I(H_2O)_2(btx)_5(PW_{10}^{VI}W_2^VO_{40})] \cdot 2H_2O & (8) \\ \xrightarrow{K_5H_2[\{[Ti(OH)(ox)]_2(\mu-O)\}(\alpha-PW_{11}O_{39})] \cdot 13H_2O,}{CuCl,pH=5.0} [Cu_6^I(btx)_6(PW_9^{VI}W_3^VO_{40})] \cdot 2H_2O & (9) \end{cases}$$

图 4-1 目标产物合成流程图

第4章 磷钨酸基铜有机框架材料制备及其超电性能研究

反应原料的选择基于以下原因:(1)磷钨酸作为最典型的Keggin型杂多酸之一,被研究得颇为广泛,相比硅钨酸,其中心位置被替换为磷原子,且其氧化性强于硅钨酸。(2)材料中btx的高含氮量有利于增强导电性,同时其分子内的柔性基团—CH_2有利于形成丰富的结构。(3)铜离子配位模式多样(配位数2~6),有利于构筑结构丰富的框架材料。

通过单晶X射线衍射、红外光谱以及粉末X射线衍射等手段对材料进行结构表征;通过循环伏安测试、恒流充放电测试和电化学阻抗测试等电化学手段考察其超电性能;通过研究材料微结构与其超电性能之间的关系,总结如何通过改变材料微结构提高超电性能。

4.2 磷钨酸基铜有机框架材料的制备

(1)材料7的制备

分别称取0.3586 g(0.12 mmol)$H_3[PW_{12}O_{40}]\cdot 6H_2O$、0.0479 g(0.24 mmol)$Cu(Ac)_2\cdot 2H_2O$和0.0433 g(0.18 mmol)btx,依次加入15 mL二次蒸馏水中,室温下搅拌2 h。然后将上述悬浊液用1 $mol\cdot L^{-1}$的HCl/NaOH调节至pH值为2.0左右,将其转移至25 mL聚四氟乙烯反应釜中,在160 ℃下恒温反应3天,以10 ℃·h^{-1}程序降温至室温后,得到黄色块状晶体,水洗后干燥,产率约为42%(以W计算)。

(2)材料8的制备

前驱体$K_5H_2[\{[Ti(OH)(ox)]_2(\mu-O)\}(\alpha-PW_{11}O_{39})]\cdot 13H_2O$多酸依据文献方法获得,通过红外光谱进行表征:首先用少量HCl将75 mL二次蒸馏水调至pH=0.08,边剧烈搅拌边向上述溶液中加入4.5 g(12.7 mmol)草酸钛钾形成无色透明液体,再缓慢向上述溶液中加入12 g(4.67 mmol)$A-PW_9$(用时超过5 min),得到黄绿色透明液体。搅拌30 min,使溶液颜色变深。在100 ℃以上将该液体浓缩至60 mL,颜色进一步变深。再向该液体中加入5 g(67.1 mmol)氯化钾,室温下搅拌30 min,冰水浴下搅拌1 h,经抽滤得到黄绿色粉末。所制备的样品在1708(m)cm^{-1}、1685(m)cm^{-1}、1655(m)cm^{-1}、1637(m)cm^{-1}、1389(m)cm^{-1}、1249(w)cm^{-1}、1102(m)cm^{-1}、1053(m)cm^{-1}、965(m)cm^{-1}、911(m)cm^{-1}、797(vs)cm^{-1}、598(w)cm^{-1}、521(m)cm^{-1}等处特征

▶ 铜

峰与文献基本吻合,即表明目标产物被合成。

分别称取 0.6870 g (0.12 mmol) $K_5H_2[\{[Ti(OH)(ox)]_2(\mu-O)\}(\alpha-PW_{11}O_{39})]\cdot 13H_2O$、0.0238 g (0.24 mmol) CuCl 和 0.0433 g (0.18 mmol) btx,依次加入 15 mL 二次蒸馏水中,室温下搅拌 2 h。然后将上述悬浊液用 1 mol·L^{-1} 的 HCl/NaOH 调节至 pH 值为 2.0 左右,转移至 25 mL 聚四氟乙烯反应釜中,在 160 ℃下恒温反应 3 天,以 10 ℃·h^{-1} 程序降温至室温后,得到绿色块状晶体,水洗后干燥,产率约为 40% (以 W 计算)。

(3) 材料 9 的制备

材料 9 的制备过程与材料 8 相似,仅将体系 pH 值调节为 3.5 左右。最终得到棕色块状晶体,水洗后干燥,产率约为 40% (以 W 计算)。

(4) 材料 PW@TBAB 的制备

取 0.1195 g (0.04 mmol) $H_3[PW_{12}O_{40}]\cdot 6H_2O$ 溶解在 20 mL 水中不断搅拌,再将 0.0387 g (0.12 mmol) TBAB 加入上述溶液中不断搅拌,1 h 后将上述溶液中产生的沉淀收集、洗涤并干燥。

4.3 磷钨酸基铜有机框架材料的表征

4.3.1 单晶 X 射线衍射

材料 7~9 的晶体学数据见表 4-1。

表 4-1 材料 7~9 的晶体学数据

材料	7	8	9
化学式	$C_{60}H_{66}N_{30}P_2Cu_4W_{24}O_{82}$	$C_{60}H_{68}N_{30}PCu_4W_{12}O_{44}$	$C_{72}H_{76}N_{36}PCu_6W_{12}O_{42}$
相对分子质量	7247.61	4404.60	4735.92
T/K	298	298	298
晶系	三斜	三斜	三斜
空间群	$P-1$	$P-1$	$P-1$
a/Å	11.7944(9)	13.2381(4)	14.0898(5)

续表

材料	7	8	9
$b/Å$	15.4446(11)	13.4004(4)	14.3928(5)
$c/Å$	18.7733(14)	14.6492(5)	15.3691(5)
$\alpha/(°)$	100.731(2)	108.492(3)	87.958(3)
$\beta/(°)$	99.751(2)	92.529(3)	62.953(3)
$\gamma/(°)$	107.529(2)	97.260(3)	72.239(3)
$V/Å^3$	3109.80(4)	2434.96(14)	2623.97(17)
Z	3208	1993	2169
指标范围	$-15 \leqslant h \leqslant 15$	$-15 \leqslant h \leqslant 15$	$-16 \leqslant h \leqslant 16$
	$-20 \leqslant k \leqslant 20$	$-15 \leqslant k \leqslant 15$	$-17 \leqslant k \leqslant 17$
	$-17 \leqslant l \leqslant 25$	$-17 \leqslant l \leqslant 17$	$-18 \leqslant l \leqslant 18$
R_{int}	0.0423	0.0518	0.0392
GOF on F^2	1.055	1.060	1.051
R_1,[a] wR_2[b] $[I>2\sigma(I)]$	0.0653, 0.1301	0.0600, 0.1498	0.0343, 0.0777
R_1,[a] wR_2[b] (all data)	0.1018, 0.1439	0.0724, 0.1568	0.0411, 0.0805

(1) 材料 7 的单晶结构分析

材料 7 为三斜晶系，空间群为 $P-1$。材料 7 的单胞结构中包括 $[PW_{12}O_{40}]^{3-}$（简写为 PW_{12}）多阴离子、Cu-btx 链及游离的 btx 配体。其中，PW_{12} 多阴离子为典型的 Keggin 结构，即中心的磷原子被 8 个无序的氧原子包围，每个氧原子呈半占据状态。同时，每个 PW_{12} 多阴离子与两个邻近的 Cu-btx 链共价相连。Cu 离子与 2 个 btx 配体和 1 个 PW_{12} 多阴离子配位展示出 T 型配位模式。因而，通过 PW_{12} 和 Cu-btx 链的交替相连产生了由 2 个多酸阴离子、6 个金属和 4 个配体构成的 POM_2-Cu_6-btx_4 大环结构，如图 4-2 所示。另外，邻近的 POM_2-Cu_6-btx_4 大环通过共享 PW_{12} 多阴离子和 Cu-btx 链融合到一起，形成二维砖型堆积的层状结构，如图 4-3 所示。这些二维砖型堆积的层状结构错位交替相连，展示出…ABC…堆积模式，如图 4-4 所示。而游离的 btx 配体通过氢键作用（O5…O18 = 2.862 Å，O6…O19 = 2.944 Å，N14…O33 = 3.000 Å 和 N9…N13 = 3.065 Å）将主体二维层相互连接，从而起到稳定整体结

▶ 铜

构的作用,如图4-5所示。

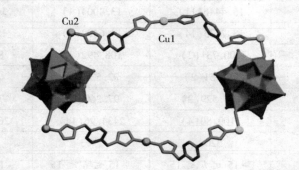

图4-2 POM$_2$-Cu$_6$-btx$_4$大环结构由2个PW$_{12}$多阴离子和2条邻近的Cu-btx链构成

图4-3 POM$_2$-Cu$_6$-btx$_4$砖型层状结构

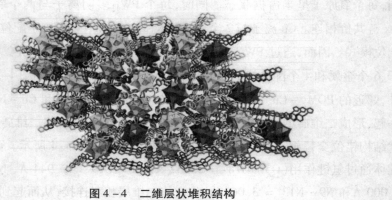

图4-4 二维层状堆积结构

第4章 磷钨酸基铜有机框架材料制备及其超电性能研究

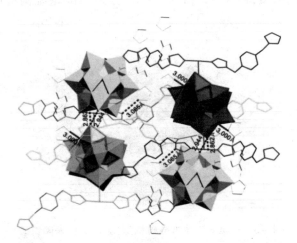

图4-5 游离的btx配体与二维层通过氢键连接(多面体代表磷钨酸)

(2)材料8的单晶结构分析

材料8为三斜晶系,空间群为$P-1$。单胞中包含1个多酸分子、4个晶体学独立的铜离子和5个btx配体。为平衡整个分子,4个铜离子包括1个二价铜离子和3个一价铜离子,多酸分子带5个负电荷$\{PW_{10}^{VI}W_2^V O_{40}\}$。材料8展示出罕见的一维链贯穿到三维共价结构中(一维+三维)的准轮烷构型中:该结构内部的一维Z字形链由金属和配体交替相连而成;内部的三维共价结构由Keggin型多酸$\{PW_{10}^{VI}W_2^V O_{40}\}$、铜离子和btx配体构成,如图4-6所示。另外,三维共价结构由矩形层、btx连接的Cu1和Cu2构成,如图4-7所示。一维链(Cu3和btx交替连接)通过桥氧和端氧与另外三种铜离子配位的$\{PW_{10}^{VI}W_2^V O_{40}\}$多酸阴离子如图4-8所示。另外,每个多酸阴离子与6个铜离子配位,2个Cu1、2个Cu2和2个Cu3,同时,多酸$\{PW_{10}^{VI}W_2^V O_{40}\}$占据在由二维矩形层和一维链组成的空穴结构中。4种铜离子的配位情况为:Cu1作为六齿配体,通过Cu—N与4个btx配体相连,与2个多酸通过端氧相连。Cu2作为四齿配体,通过Cu—N与2个btx配体相连,与2个多酸通过桥氧相连。Cu3作为六齿配体,通过Cu—N与2个btx配体相连,与2个多酸分别通过2个端氧和2个桥氧相连。Cu4作为二齿配体仅与2个来自btx上的N配位形成Cu4-btx链,并一同构筑了包含分子环结构的{Cu1-btx-Cu2-POM}和贯穿其内部的分子线结构Cu4-btx的一

▶ 铜

维+三维准轮烷构型,图4-9和图4-10分别为准轮烷构型的简化图和示意图。

图4-6 一维+三维准轮烷构型(多面体代表磷钨酸)

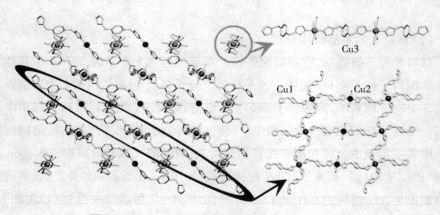

图4-7 Cu1-btx-Cu2二维层和Cu3-btx一维链

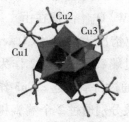

图4-8 六连接的$\{PW_{10}^{VI}W_2^{V}O_{40}\}$多酸阴离子

第4章 磷钨酸基铜有机框架材料制备及其超电性能研究

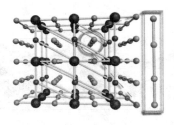

图4-9 一维+三维准轮烷构型的简化图

图4-10 准轮烷构型的示意图

(3)材料9的单晶结构分析

材料9为三斜晶系,空间群为$P-1$。材料9展示了由$[PW_9^{VI}W_3^VO_{40}]^{6-}$、Cu(Ⅰ)和btx构成的三维POMOF结构。该POMOF结构可以看成三维开放的POMOF与倾斜形状的Cu2-btx-Cu3二维层叠加后又引入$[PW_9^{VI}W_3^VO_{40}]^{6-}$得到的。每个$[PW_9^{VI}W_3^VO_{40}]^{6-}$连接来自不同层的2个Cu2和2个Cu3,构成Cu-btx和$[PW_9^{VI}W_3^VO_{40}]^{6-}$夹心结构,如图4-11所示。三维开放的POMOF由方格子型POM/Cu1进一步连接btx配体而成,如图4-12所示。这些方格子型POM/Cu1与4个Cu1原子和2个btx配体相连,其中每个Cu1与2个沿a轴方向的$[PW_9^{VI}W_3^VO_{40}]^{6-}$相连,2个btx分别沿$b$轴和$c$轴方向,由此共同构筑成三维开放的网格结构。最后,上述的Cu2-btx-Cu3层嵌插到三维开放框架结构中,构筑了一个复杂的三维POMOF结构,如图4-13和图4-14所示。在最终的三维POMOF中,$[PW_9^{VI}W_3^VO_{40}]^{6-}$显示出八齿配体特性,分别与来自Cu2-btx-Cu3层的2个Cu2、2个Cu3和来自三维开放框架的4个Cu1配位,如图4-15所示。

▶ 铜

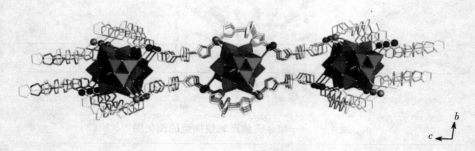

图4-11 Cu-btx 和 $[PW_9^{VI}W_3^{V}O_{40}]^{6-}$ 的夹心结构

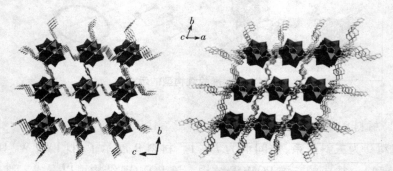

图4-12 材料9中的三维开放型磷钨酸基铜有机框架结构

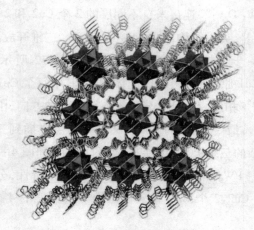

图4-13 材料9复杂的三维多酸基
金属有机框架(多面体代表磷钨酸)

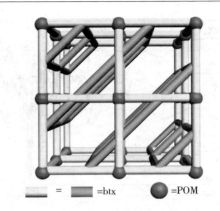

图 4-14　材料 9 的简化图

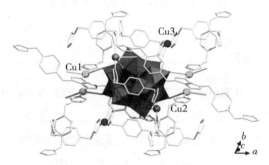

图 4-15　$[PW_9^{VI}W_3^V O_{40}]^{6-}$ 与 8 个铜离子配位

4.3.2　红外光谱测试

为了辅助验证材料 7~9 中包含多酸和有机配体,笔者对其进行了红外光谱测试,测试结果如图 4-16 所示。材料 7~9 在 1057(m)cm^{-1}、962(m)cm^{-1}、887(w)cm^{-1} 和 786(s)cm^{-1} 附近的特征峰归属于 $[PW_{12}]^{3-}$ 阴离子中 P—O 和 W—O 的对称伸缩振动和非对称伸缩振动:P—O$_a$、W=O$_d$、W—O$_b$—W 和 W—O$_c$—W。1538~1047(w)cm^{-1} 范围内的特征峰归属于 btx 配体。因此,该测试结果可以证明材料 7~9 中包含多酸和配体,与单晶 X 射线测试结果相吻合。另外,三者红外峰位置的微小差别是其微结构不同造成的。

▶ 铜

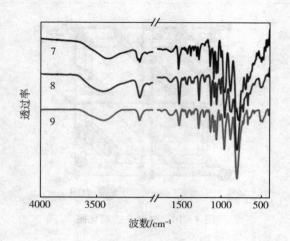

图4-16 材料7~9的红外光谱图

4.3.3 元素分析

材料7的元素分析测试值(%)为：W,63.56;Cu,3.71;P,0.92;C,9.62;H,0.90;N,5.57。理论计算值(%)为：W,60.88;Cu,3.51;P,0.85;C,9.94;H,0.92;N,5.80。实验测试结果与理论计算结果吻合。材料8的元素分析测试值(%)为：W,53.24;Cu,5.88;P,0.79;C,15.11;H,1.51;N,9.37。理论计算值(%)为：W,50.09;Cu,5.77;P,0.70;C,16.36;H,1.56;N,9.54。实验测试结果与理论计算结果吻合。材料9的元素分析测试值(%)为：W,49.09;Cu,8.37;P,0.71;C,17.12;H,1.59;N,9.88。理论计算值(%)为：W,46.58;Cu,8.05;P,0.65;C,18.26;H,1.62;N,10.65。实验测试结果与理论计算结果吻合。

4.3.4 粉末X射线衍射

为了进一步验证材料7~9的纯度,笔者对其进行了粉末X射线衍射测试,测试结果如图4-17所示。分别对比三个材料实际测试得到的谱图与单晶解析数据模拟的谱图,它们的主峰位置基本一致,表明材料7~9的纯度较好;峰强度不同可以归因于晶体暴露面的晶面取向不同。

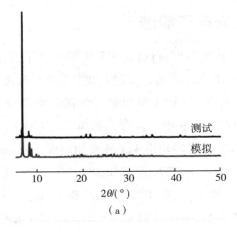

(a)

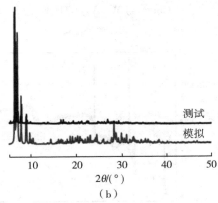

(b)

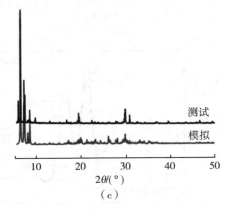

(c)

图4-17 材料7~9模拟和测试的XRD谱图
(a)材料7;(b)材料8;(c)材料9

► 铜

4.3.5 X 射线光电子能谱

根据正负电荷守恒的原理,材料 8 和 9 中部分原子被还原成低价态。为进一步考察哪种原子被还原以及被还原的程度,笔者对其进行了 XPS 全谱和 W 原子的高分辨测试(其中,Cu 原子可以通过价键计算得到),如图 4-18 所示。由 XPS 全谱可知,材料 8 和 9 中均含有元素 W、C、N、O 和 Cu。由 W 的高分辨谱可知,材料 8 和 9 的 W 4f 峰均由 4 个峰叠加而成:35.4 eV、35.7 eV、37.6 eV 和 37.9 eV;35.4 eV、35.9 eV、37.6 eV 和 38.0 eV。两个材料的 4 个峰均可归属于钨原子的特征峰:W $4f_{7/2}^{V}$、W $4f_{7/2}^{VI}$、W $4f_{5/2}^{V}$ 和 W $4f_{5/2}^{VI}$。材料 8 和 9 的拟合结果与分子式电荷平衡一致,表明材料 8 和 9 中的确存在部分 W(Ⅵ)原子被还原为 W(Ⅴ),且材料 8 中 W(Ⅵ)原子与 W(Ⅴ)的比例为 5∶1,材料 9 中 W(Ⅵ)原子与 W(Ⅴ)的比例为 3∶1。

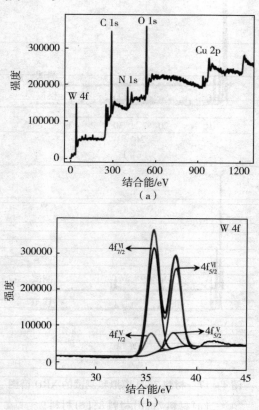

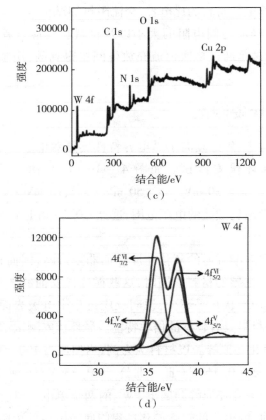

图 4-18 (a)、(b)材料 8 和(c)、(d)材料 9 的 XPS 全谱
以及 W 4f 的高分辨谱

4.4 磷钨酸基铜有机框架材料的超电性能研究

为了考察材料 7~9 的超电性能,笔者分别对其进行了循环伏安测试、恒流充放电测试、交流阻抗测试和循环稳定性测试。其中,循环伏安测试记录下了电压随电流变化的曲线,根据曲线形状初步判断电极材料为赝电容电极材料还是双电层电极材料,且可以根据氧化还原峰的峰电流与扫速的关系考察反应过程是表面控制过程还是扩散控制过程;恒流充放电测试记录下了电压随时间变化的曲线,根据曲线形状辅助判断电极材料的电容倾向,且可以根据设置的电

▶ 铜

流和放电时间计算电极材料的比电容;交流阻抗测试记录下了虚部随实部变化的曲线,进而区分样品之间电阻的大小以及材料在反应过程中离子扩散的难易;循环稳定性测试是通过多次恒流充放电间接得到的,用来说明电极材料的循环寿命。

4.4.1 循环伏安测试

为了测试材料 7~9 更倾向于赝电容特性还是双电层电容特性,笔者对这些材料进行了循环伏安测试。如图 4-19 所示,由内到外扫速分别为 5 mV·s^{-1}、10 mV·s^{-1}、30 mV·s^{-1}、50 mV·s^{-1}、70 mV·s^{-1}、90 mV·s^{-1} 和 100 mV·s^{-1},参照磷钨酸盐的电压范围,选择 -0.6~0.1 V Ag/AgCl 作为电压窗口。

图中展现出多对准可逆的氧化还原峰而非矩形峰,因而材料 7~9 属于典型的赝电容特性占主导的材料。同时,这些循环伏安曲线随扫速的变化,仅电流强度发生改变,而形状几乎不变,说明反应过程中电极表面发生了可逆的法拉第反应,表明该材料具有较好的倍率特性。循环伏安测试结果表明,材料 7~9 均展示出多对氧化还原峰。以材料 7 为例,当扫速为 100 mV·s^{-1} 时,其三对峰的半波电位约为 -0.16 V(Ⅲ-Ⅲ′)、-0.33 V(Ⅱ-Ⅱ′) 和 -0.56 V(Ⅰ-Ⅰ′),这三对氧化还原峰归属于 PW_{12} 的两个单电子过程和一个两电子过程。当扫速不同时,峰电位的轻微偏移过程归属于电极的内阻和电极界面的极化效应。

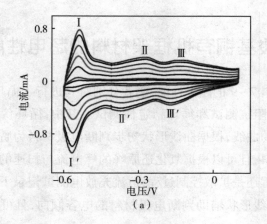

(a)

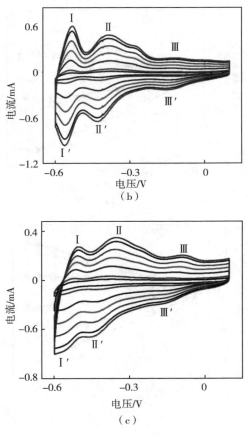

图 4-19 材料 7~9 的循环伏安曲线
(a)材料 7;(b)材料 8;(c)材料 9

另外,当扫速为 5~100 mV·s^{-1}时,所有氧化还原峰的峰电流随扫速呈线性递增,如图 4-20 所示,该结果表明此过程为表面控制过程。

▶ 铜

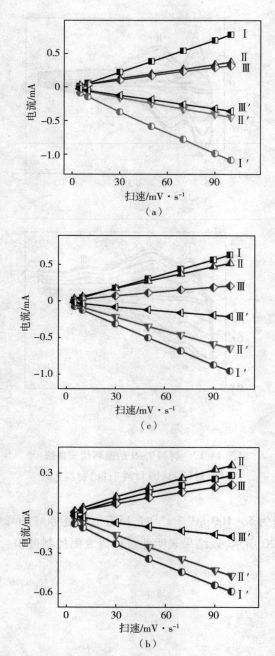

图 4-20 材料 7~9 的每对阴阳极峰电流与扫速的关系图
(a) 材料 7；(b) 材料 8；(c) 材料 9

4.4.2 恒流充放电测试

为了进一步判断材料 7~9 的比电容大小,笔者对这些材料进行了恒流充放电测试。如图 4-21(a)~(c)所示,电压窗口选为 -0.6~0.1 V,从图中可知曲线中电压与时间均呈现出明显的非线性关系,进一步证明材料 7~9 均表现为赝电容特性占主导。另外,依据比电容计算公式,在电流密度分别为 3 A·g^{-1}、5 A·g^{-1}、8 A·g^{-1} 和 10 A·g^{-1} 时,材料 7~9 的比电容分别为 84.8 F·g^{-1}、76.4 F·g^{-1}、73.1 F·g^{-1} 和 70.0 F·g^{-1},76.3 F·g^{-1}、71.4 F·g^{-1}、67.4 F·g^{-1} 和 67.1 F·g^{-1},70.3 F·g^{-1}、62.9 F·g^{-1}、59.4 F·g^{-1} 和 55.7 F·g^{-1}。另外,三者比电容均高于母体多酸化合物,如图 4-21(d)所示。

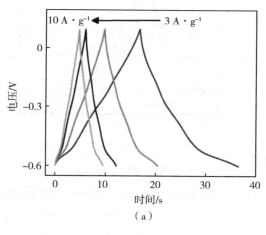

(a)

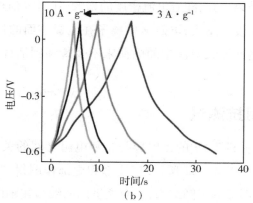

(b)

▶ 铜

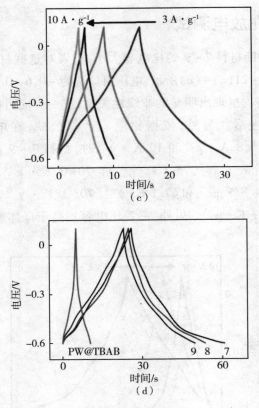

图4-21 (a)~(c)材料7~9在电流密度分别为$3\ A\cdot g^{-1}$、$5\ A\cdot g^{-1}$、$8\ A\cdot g^{-1}$
和$10\ A\cdot g^{-1}$时恒流充放电曲线及(d)与母体多酸的对比曲线

同时,由计算结果可知,随着电流密度的增大,比电容值逐渐降低。其原因可能是,随着电流密度的增大,电解液中离子在电极表面的扩散和迁移速率将受到一定的阻碍,进而导致溶液中的电荷来不及传递到活性材料的内部,使得反应过程不够充分。

4.4.3 交流阻抗测试

为进一步考察材料7~9的比电容与材料电阻之间的关系,笔者对其进行了交流阻抗测试。如图4-22所示,以实部和虚部作图得到的Nyquist图中高频区并没有展示出明显的半圆结构,因而这里以曲线与实轴的交点代表修饰电极材料的欧姆阻抗,同时,这个交点也代表该材料的电子传导能力。因此,由图可知材料 7 展示了最好的导电性。另外,在低频区,材料 7 的斜率最大,表明其具有最小的离子扩散电阻。

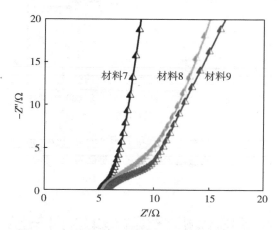

图 4-22　材料 7~9 的修饰电极的交流阻抗谱

该结果与上述提到的循环伏安测试和恒流充放电测试结果一致。进一步证明,尽管材料 7~9 均由相同组分的多酸、铜离子和配体构成,但三个材料具有不同的微结构,导致材料 7 具有较好的导电性和较小的离子扩散电阻,从而说明导电性与其微结构是密切相关的。

4.4.4　循环稳定性测试

为了考察材料 7~9 的循环稳定性,笔者对其进行了 1000 次的重复充放电测试。结果如图 4-23 所示,三个材料均展示了较优异的电容保持率,分别为 90%、98% 和 95%。材料优异的电容保持率可能归因于它们结构中包含丰富的共价键、非共价键以及框架结构中的微腔构造,这些特殊的构造为框架材料在充放电过程中发生的轻微膨胀提供空间,因而多酸基金属有机框架材料具有较好的稳定性。

▶ 铜

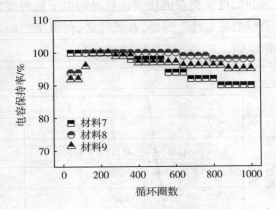

图4-23 材料7~9在电流密度为 $10.0 A \cdot g^{-1}$ 时充放电1000次的电容保持率

4.5 磷钨酸基铜有机框架材料结构与超电性能的关系

本章利用体系组成和pH值对材料的结构进行了定向调控。当体系组分选用磷钨酸和乙酸铜,pH值为2.0时,得到材料7,该材料呈现出 $PW_{12} - Cu - btx$ 相连构成的二维砖型堆积结构,同时,配体btx分子游离在二维层之间;固定pH值,当组分选用 $K_5H_2[\{[Ti(OH)(ox)]_2(\mu - O)\}(\alpha - PW_{11}O_{39})] \cdot 13H_2O$ 和氯化亚铜时,得到材料8,其结构展示出 $\{-Cu-btx-\}_n$ 分子"线"贯穿到由多酸、金属和配体构成的分子"环"构型中形成一维+三维准轮烷结构;若仅将材料8的体系中反应液pH值变为5.0,得到材料9,其结构可以看作二维层嵌插到三维开放框架结构中共同构筑成一个复杂的三维多酸基金属有机框架结构。三者之间比电容大小顺序为材料7>材料8>材料9,原因可能是:(1)材料7呈简单二维层结构,在二维无限延展方向有利于电子传输,并且层结构能够暴露出更多的活性位点,因此有利于提高材料的比电容;(2)材料8呈一维+三维准轮烷结构,其中,游离的Cu-btx一维链有利于电子传输,但其三维结构暴露的活性位点较二维结构少;(3)材料9可以被看作由二维层和三维开放框架结构共同构成,内部绝大部分空间被填满不利于活性位点发挥作用且不利于电子传

第 4 章　磷钨酸基铜有机框架材料制备及其超电性能研究

输,因此,其比电容既低于二维层结构,又低于包含一维链的一维+三维准轮烷结构。综上所述,在超电性能方面,包含游离配体的简单二维层结构的材料 7 优于一维+三维准轮烷结构的材料 8,优于三维复杂的、空间填充度较高的材料 9。

4.6　本章小结

本章选用 Keggin 型磷钨酸为多酸,铜盐为乙酸铜,配体为 btx,采用水热合成方法,通过改变磷钨酸为其衍生物 $K_5H_2[\{[Ti(OH)(ox)]_2(\mu-O)\}(\alpha-PW_{11}O_{39})]\cdot 13H_2O$,乙酸铜变为氯化亚铜,以及调控体系 pH 值,合成了三种磷钨酸基铜有机框架材料。

（1）体系的组分和 pH 值均是影响产物的重要因素。当多酸为磷钨酸、铜盐为乙酸铜、pH 值为 2.0 时,得到材料 7。该材料呈现出简单的二维砖型堆积结构,同时,游离的配体通过氢键相连起到稳定整体结构以及充当质子传导的作用;当多酸变为 $K_5H_2[\{[Ti(OH)(ox)]_2(\mu-O)\}(\alpha-PW_{11}O_{39})]\cdot 13H_2O$、铜盐变为氯化亚铜、pH 值仍为 2.0 时,得到材料 8,其结构为少见的一维链贯穿到三维共价结构的一维+三维准轮烷结构;在合成材料 8 的过程中仅改变 pH 值为 5.0,即可得到材料 9,该结构可以看作由二维层嵌插到三维开放的多酸基金属有机框架结构中构成复杂的三维多酸基金属有机框架。

（2）采用三电极体系测试了材料 7~9 的电化学行为。循环伏安测试和恒流充放电测试结果表明,三者均属于赝电容电极材料,当电流密度为 3 $A\cdot g^{-1}$ 时,三者的比电容分别为 84.8 $F\cdot g^{-1}$、76.3 $F\cdot g^{-1}$ 和 70.3 $F\cdot g^{-1}$;在 10 $A\cdot g^{-1}$ 的电流密度下,循环充放电 1000 次的电容保持率分别为 90%、98% 和 95%。

（3）材料 7~9 的晶体结构具有相同的组分和不同的微结构,所以这三个材料为研究微结构与超电性能之间的关系提供了便利模型。通过比较三者的电容性能发现,包含游离配体的简单二维层结构的材料优于一维+三维准轮烷结构的材料,优于三维复杂的、空间填充度较高的材料。同时,在磷钨酸基铜材料中,多酸中多原子的化合价处于高价态时的比电容高于处于低价态时的比电容。

第 5 章 磷钼酸基铜有机框架材料制备及其超电性能研究

5.1 引言

多酸化合物的氧化电势受它们的杂原子影响较小,主要取决于它们的多原子。另外,杂多钼酸盐相对于杂多钨酸盐而言更容易被还原,因而钼基多酸的电化学行为也备受科研工作者的关注。2018 年,Roy 等人分别合成了 $[H(C_{10}H_{10}N_2)Cu_2][PMo_{12}O_{40}]$ 和 $[H(C_{10}H_{10}N_2)Cu_2][PW_{12}O_{40}]$ 两个配合物,单晶 X 射线衍射测试结果表明二者为同构体,但两者的比电容却相差很多:在电流密度均为 $2 A·g^{-1}$ 时,配合物基于 PW_{12} 的比电容为 $123 F·g^{-1}$,而基于 PMo_{12} 的比电容为 $250 F·g^{-1}$。因而,接下来我们从改变杂原子的角度考察其对电容性的改变。

综合前几章合成结果可知,当体系中多酸种类、配体种类和 pH 值确定时,影响生成物的因素主要包括体系中是否引入矿化剂及其含量以及金属铜的种类。

本章选用杂多酸 PMo_{12}、有机配体 btx、$Cu(Ac)_2·2H_2O$ 或 CuCl,在温度和 pH 值均相同的情况下,研究体系中金属盐属性改变和有无三乙胺对晶体结构的影响。三个磷钼酸基铜有机框架材料的合成流程图如图 5-1 所示。

$$\text{btx}+\text{PMo}_{12}, \text{pH}=2 \begin{cases} \xrightarrow{0 \text{ mL TEA, Cu(Ac)}_2} [\text{Cu}^{\text{I}}_4\text{H}_2(\text{btx})_5(\text{PMo}_{12}\text{O}_{40})_2]\cdot 2\text{H}_2\text{O} & (10) \\ \xrightarrow{0.3 \text{ mL TEA Cu(Ac)}_2} [\text{Cu}^{\text{I}}\text{H}_2(\text{btx})(\text{PMo}_{12}\text{O}_{40})][\text{N}(\text{CH}_2\text{CH}_3)_3]_2 \cdot 2\text{H}_2\text{O} & (11) \\ \xrightarrow{0 \text{ TEA, CuCl}} [\text{Cu}^{\text{II}}_2(\text{btx})_4(\text{PMo}^{\text{VI}}_9\text{Mo}^{\text{V}}_3\text{O}_{39})] & (12) \end{cases}$$

图 5-1 目标产物合成流程图

反应原料的选择基于以下原因:(1)磷钼酸作为最典型的 Keggin 型杂多酸之一,被研究得颇为广泛,相比磷钨酸,其多原子位置被替换为钼原子,且其氧化性强于磷钨酸。(2)材料中 btx 的高含氮量有利于增强导电性,同时其分子内的柔性基团—CH_2 有利于形成丰富的结构。(3)铜离子配位模式多样(配位数 2~6),有利于构筑结构丰富的框架材料。

通过单晶 X 射线衍射、红外光谱以及粉末 X 射线衍射等手段进行结构表征。通过循环伏安测试、恒流充放电测试和电化学阻抗测试等电化学手段对其超电性能进行研究。探讨了不同微结构材料与其超电性能之间的关系,指导高性能超级电容器电极材料的合成。

5.2 磷钼酸基铜有机框架材料的制备

(1)材料 10 的制备

分别称取 0.2320 g (0.12 mmol) $H_3[PMo_{12}O_{40}]\cdot 6H_2O$、0.0479 g (0.24 mmol) $Cu(Ac)_2\cdot 2H_2O$ 和 0.0433 g (0.18 mmol) btx,依次加入 15 mL 二次蒸馏水中,再加入 0.05 mL 三乙胺,室温下搅拌 2 h。然后将上述悬浊液用 1 mol·L^{-1} 的 HCl/NaOH 调节至 pH 值为 2.0 左右转移至 25 mL 的聚四氟乙烯反应釜中,在 160 ℃下恒温反应 3 天,以 10 ℃·h^{-1} 程序降温至室温后,得到红色块状晶体,水洗后干燥,产率约为 43%(以 Mo 计算)。

(2)材料 11 的制备

材料 11 的制备过程与材料 10 相似,仅将体系中后加入的三乙胺增加至 0.30 mL。最终得到黄色块状晶体,水洗后干燥,产率约为 40%(以 Mo 计算)。

(3)材料 12 的制备

分别称取 0.2320 g (0.12 mmol) $H_3[PMo_{12}O_{40}]\cdot 6H_2O$、0.0238 g

► 铜

(0.24 mmol)CuCl 和 0.0433 g (0.18 mmol)btx,依次加入 15 mL 二次蒸馏水中,室温下搅拌 2 h。然后将上述悬浊液用 1 mol·L^{-1} HCl/NaOH 调节至 pH 值为 2.0 左右转移至 25 mL 聚四氟乙烯反应釜中,在 160 ℃下恒温反应 3 天,以 10 ℃·h^{-1} 程序降温至室温后,得到绿色块状晶体,水洗后干燥,产率约为 46%(以 Mo 计算)。

(4)材料 PMo@TBAB 的制备

取 0.1160 g (0.06 mmol) $H_3[PMo_{12}O_{40}]\cdot 6H_2O$ 溶解在 20 mL 水中不断搅拌,再将 0.0580 g (0.18 mmol) TBAB 加入上述溶液中不断搅拌,1 h 后将上述溶液中产生的沉淀收集、洗涤并干燥。

5.3 磷钼酸基铜有机框架材料的表征

5.3.1 单晶 X 射线衍射

材料 10~12 的晶体学数据见表 5-1。

表 5-1 材料 10~12 的晶体学数据

材料	10	11	12
化学式	$C_{60}H_{66}N_{30}P_2Cu_4Mo_{24}O_{82}$	$C_{24}H_{48}N_8PCuMo_{12}O_{42}$	$C_{48}H_{48}N_{24}PCu_2Mo_{12}O_{39}$
相对分子质量	5138.01	2366.47	2894.38
T/K	298	298	298
晶系	三斜	三斜	单斜
空间群	$P-1$	$P-1$	$P2_1/c$
$a/\text{Å}$	11.8004(3)	9.9018(10)	10.9530(6)
$b/\text{Å}$	15.4306(4)	12.9988(14)	15.9820(8)
$c/\text{Å}$	18.6763(4)	13.0338(13)	24.0800(10)
$\alpha/(°)$	101.017(2)	71.275(2)	90.000
$\beta/(°)$	99.986(2)	71.686(2)	107.460(2)
$\gamma/(°)$	107.310(3)	72.474(2)	90.000
$V/\text{Å}^3$	3089.13(15)	1470.40(3)	4021.00(3)

续表

材料	10	11	12
Z	2440	1130	2786
指标范围	$-14 \leq h \leq 14$ $-19 \leq k \leq 19$ $-23 \leq l \leq 23$	$-13 \leq h \leq 10$ $-17 \leq k \leq 15$ $-17 \leq l \leq 16$	$-9 \leq h \leq 14$ $-19 \leq k \leq 20$ $-30 \leq l \leq 28$
R_{int}	0.0477	0.0172	0.0714
GOF on F^2	1.042	1.060	1.034
R_1^a, $wR_2^b[I>2\sigma(I)]$	0.0421, 0.0838	0.0444, 0.1068	0.0608, 0.1331
R_1^a, wR_2^b(all data)	0.0566, 0.0894	0.0525, 0.1122	0.1111, 0.1531

(1) 材料 10 的单晶结构分析

材料 10 与材料 7 为同构体，仅多酸种类由 PW_{12} 变成了 PMo_{12}，此处不再赘述。

(2) 材料 11 的单晶结构分析

材料 11 为三斜晶系，空间群为 $P-1$。单胞中包含 1 个 PMo_{12} 多酸分子、1 个晶体学独立的铜离子(Ⅰ)、1 个 btx 配体、2 个游离的三乙胺分子和 2 个游离的水分子。每个多酸分子通过 2 个对位的端氧分别与金属铜离子配位在 c 轴方向上无限延展。同时，每个铜离子呈现四边形配位模式，不仅在 c 轴方向上连接多酸的两个端氧，还在 ab 角的角平分线的垂线方向上分别与 2 个配体 btx 配位。因此多酸和铜离子通过 btx 的连接呈现出二维层状的格子型配位模式，如图 5-2 所示。另外，游离的水分子通过三配位方式分别与格子层中的多酸分子通过端氧 O17 相连，与 btx 配体分子通过 N2 相连，还与游离的三乙胺分子相连 (O17⋯OW1 = 2.961 Å；N2⋯OW1 = 2.957 Å；N4⋯OW1 = 2.765 Å)，如图 5-3 所示。

▶ 铜

图 5-2 由磷钼酸、铜离子以及 btx 配体相互连接构筑的二维格子层结构

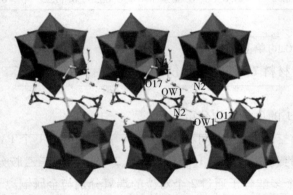

图 5-3 游离的水分子的配位模式(多面体代表磷钼酸)

另外,在格子层周围存在大量的氢键,使得相邻的格子层通过氢键连接成三维超分子结构,如图 5-4 所示。

图 5-4 相邻的格子层通过氢键连接成三维超分子结构(多面体代表磷钼酸)

(3) 材料 12 的单晶结构分析

材料 12 为三斜晶系,空间群为 $P2\ 1/c$ 。单胞中包含 1 个 PMo_{12} 多酸分子、1 个晶体学独立的铜离子和 btx 配体。每个铜离子呈现出八面体构型,不仅与 4 个 btx 配体相连还分别与 2 个多酸分子通过端氧相连,其中铜离子与配体在空间堆积成{$Cu_6 - btx_6$}大环的三维网格状,如图 5-5 所示。

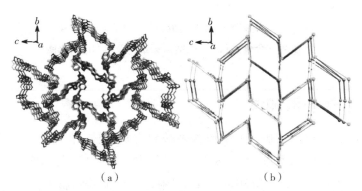

图 5-5　每个铜离子与 4 个 btx 配体相连的(a)结构图及其(b)简化图

另外,每一个多酸呈现出六配位模式,除了与三维网格上的 4 个铜离子相连外,还通过共享端氧方式与周围 2 个多酸相连,空间堆积成一维链状结构,如图 5-6 所示。多酸之间彼此连接形成的一维链插入到由铜离子与配体在空间堆积成的三维网格中,形成三维共价连接的多酸基金属有机纳米管结构,如图 5-7 所示。

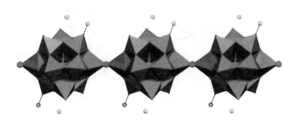

图 5-6　磷钼酸展示出一维链结构

▶ 铜

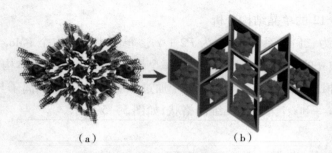

图 5-7 磷钼酸链插入到铜有机三维网格中形成三维多酸基金属的(a)有机纳米管结构及其(b)简化图

5.3.2 红外光谱测试

为了辅助验证材料 10~12 中包含多酸和有机配体，笔者对其进行了红外光谱测试，测试结果如图 5-8 所示。材料 10~12 在 1060(w)cm^{-1}、955(s)cm^{-1}、880(m)cm^{-1} 和 801(vs)cm^{-1} 附近的特征峰归属于 $[PMo_{12}]^{3-}$ 阴离子中 P—O 和 Mo—O 的对称伸缩振动和非对称伸缩振动：P—O$_a$、Mo═O$_d$、Mo—O$_b$—Mo 和 Mo—O$_c$—Mo。1538~1130(w)cm^{-1} 范围内的特征峰归属于 btx 配体。因此，该测试结果可以证明材料 10~12 中包含多酸和配体，与单晶 X 射线测试结果相吻合。另外，三者红外峰位置的微小差别是其微结构不同造成的。

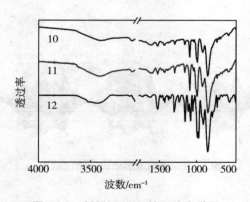

图 5-8 材料 10~12 的红外光谱图

5.3.3 元素分析

材料 10 的元素分析测试值(%)为：Mo，47.22；Cu，5.21；P，1.28；C，13.14；H，1.26；N，8.07。理论计算值(%)为：Mo，44.81；Cu，4.95；P，1.21；C，14.03；H，1.29；N，8.18。实验测试结果与理论计算结果吻合。材料 11 的元素分析测试值(%)为：Mo，51.32；Cu，2.74；P，1.39；C，12.09；H，1.96；N，4.67。理论计算值(%)为：Mo，48.65；Cu，2.69；P，1.31；C，12.18；H，2.04；N，4.74。实验测试结果与理论计算结果吻合。材料 12 的元素分析测试值(%)为：Mo，42.21；Cu，4.52；P，1.12；C，19.74；H，1.59；N，11.45。理论计算值(%)为：Mo，39.78；Cu，4.39；P，1.07；C，19.92；H，1.67；N，11.61。实验测试结果与理论计算结果吻合。

5.3.4 粉末 X 射线衍射

为了进一步验证材料 10～12 的纯度，笔者对其进行了粉末 X 射线衍射测试，测试结果如图 5-9 所示。分别对比三个材料实际测试得到的谱图与单晶解析数据模拟的谱图，其主峰位置基本一致，表明材料 10～12 的纯度较好；峰强度不同可以归因于晶体暴露面的晶面取向不同。

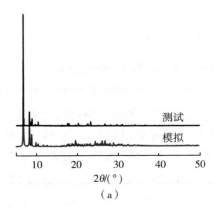

(a)

▶ 铜

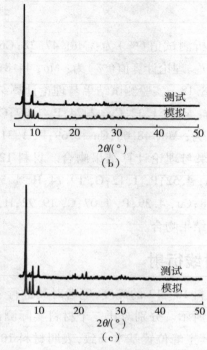

图 5-9　材料 10~12 模拟和测试的 XRD 谱图
(a) 材料 10;(b) 材料 11;(c) 材料 12

5.3.5　X 射线光电子能谱

根据正负电荷守恒的原理,材料 12 中部分 Mo 原子被还原成低价态。为进一步考察 Mo 原子被还原的程度,笔者对其进行了 XPS 全谱和 Mo 原子的高分辨测试,如图 5-10 所示。由 XPS 全谱可知,材料 12 中含有 Mo、C、N、O 和 Cu 元素。由 Mo 原子的高分辨谱可知,材料 12 的 Mo 3d 峰由 4 个峰叠加而成:232.6 eV、233.2 eV、235.8 eV 和 236.3 eV,该材料的 4 个峰可归属为钼原子的特征峰:Mo $3d_{5/2}^{V}$、Mo $3d_{5/2}^{VI}$、Mo $3d_{3/2}^{V}$ 和 Mo $3d_{3/2}^{VI}$。材料 12 的拟合结果与分子式电荷平衡一致,表明材料 12 中的确存在部分 Mo(Ⅵ)原子被还原为 Mo(Ⅴ),且 Mo(Ⅵ)原子与 Mo(Ⅴ)的比例为 3∶1。另外,这些结合能等峰的轻微位移可能来自周围紧密堆积的配体对多酸电子云密度的影响。

第5章 磷钼酸基铜有机框架材料制备及其超电性能研究

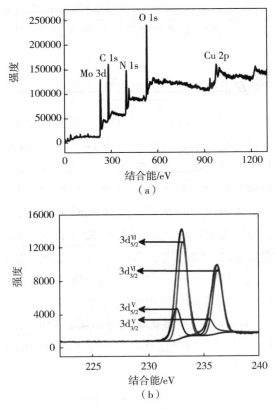

图 5-10　材料 12 的(a)XPS 全谱及(b)Mo 3d 的高分辨谱

5.4　磷钼酸基铜有机框架材料的超电性能研究

为了考察材料 10～12 的超电性能,笔者分别对其进行了循环伏安测试、恒流充放电测试、交流阻抗测试和循环稳定性测试。其中,循环伏安测试记录下了电压随电流变化的曲线,根据曲线形状初步判断电极材料为赝电容电极材料还是双电层电极材料,且可以根据氧化还原峰的峰电流与扫速的关系考察反应过程是表面控制过程还是扩散控制过程;恒流充放电测试记录下了电压随时间变化的曲线,根据曲线形状辅助判断电极材料的电容倾向,且可以根据设置的电流和放电时间计算电极材料的比电容;交流阻抗测试记录下了虚部随实部变

▶ 铜

化的曲线,进而区分样品之间电阻的大小以及材料在反应过程中离子扩散的难易;循环稳定性测试是通过多次恒流充放电间接得到的,用来说明电极材料的循环寿命。

5.4.1 循环伏安测试

为了测试材料 10~12 更倾向于赝电容特性还是双电层电容特性,笔者对这些材料进行了循环伏安测试。如图 5-11 所示,由内到外扫速分别为 5 mV·s^{-1}、10 mV·s^{-1}、30 mV·s^{-1}、50 mV·s^{-1}、70 mV·s^{-1}、90 mV·s^{-1} 和 100 mV·s^{-1},参照磷钼酸盐的电压范围,选择 -0.05~0.55 V Ag/AgCl 作为电压窗口。图中展现出多对准可逆的氧化还原峰而非矩形峰,因而材料 10~12 属于典型的赝电容特性占主导的材料。同时,这些循环伏安曲线随扫速的变化过程中仅电流强度发生改变而形状几乎不变,说明反应过程中电极表面发生了可逆的法拉第反应,表明该材料具有较好的倍率特性。以材料 11 为例,当扫速为 100 mV·s^{-1} 时,它三对峰的半波电位约为 0.04 V(Ⅰ-Ⅰ′)、0.28 V(Ⅱ-Ⅱ′)和 0.42 V(Ⅲ-Ⅲ′),这三对氧化还原峰归属于 PMo$_{12}$ 的三个两电子得失过程。当扫速不同时,峰电位的轻微偏移过程归属于电极的内阻和电极界面的极化效应。

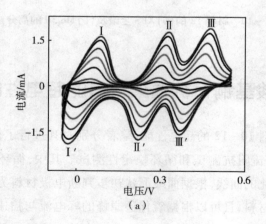

(a)

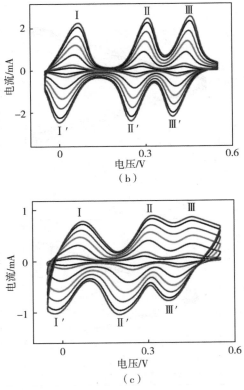

图 5-11 材料 10~12 的循环伏安图
(a) 材料 10；(b) 材料 11；(c) 材料 12

另外，当扫速为 5~100 mV·s^{-1} 时，所有氧化还原峰的峰电流随扫速呈线性递增，如图 5-12 所示，该结果表明此过程为表面控制过程。另外，将材料 10~12 在 100 mV·s^{-1} 时的循环伏安曲线面积归一化后，结果分别为 0.35、0.42 和 0.23，因此，初步判定比电容顺序为材料 11 > 材料 10 > 材料 12。

▶ 铜

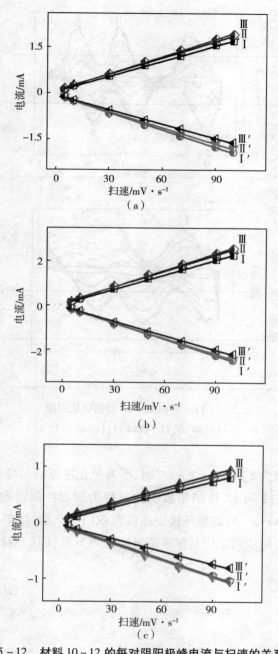

图5-12 材料10~12的每对阴阳极峰电流与扫速的关系图
(a)材料10;(b)材料11;(c)材料12

第 5 章 磷钼酸基铜有机框架材料制备及其超电性能研究

图 5-13 展示出材料 10~12 在 0.7~0.8 V 之间,扫速为 10 mV·s^{-1}、20 mV·s^{-1}、40 mV·s^{-1}、60 mV·s^{-1}、80 mV·s^{-1}、100 mV·s^{-1}、120 mV·s^{-1}、150 mV·s^{-1} 和 200 mV·s^{-1} 的循环伏安曲线以及三者的电流密度-扫速图。根据 0.75 V 处电流密度差值计算斜率,根据斜率大小对比 C_{dl} 值,由图 5-13(d)可知电化学活性面积为材料 10 > 材料 11 > 材料 12。由材料 10~12 的电化学活性面积大小预计材料比电容顺序为材料 10 > 材料 11 > 材料 12。

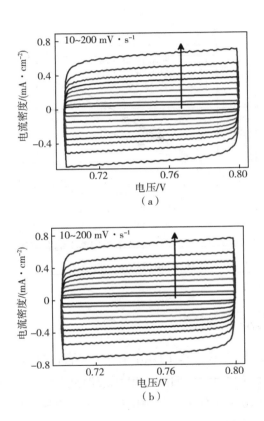

▶ 铜

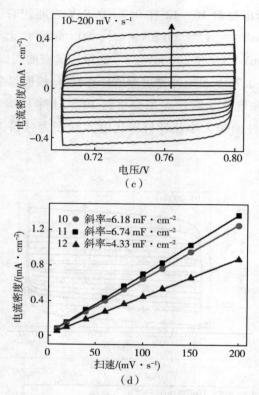

图 5 – 13　材料 10 ~ 12(a) ~ (c)不同扫速下的循环伏安曲线
及其(d)电流密度 – 扫速图

5.4.2　恒流充放电测试

为了进一步判断材料 10 ~ 12 的比电容大小,笔者对这些材料进行了恒流充放电测试。如图 5 – 14 所示,曲线中电压与时间均呈现出明显的非线性关系,进一步证明材料 10 ~ 12 均表现为赝电容特性占主导。另外,依据比电容计算公式,在电流密度分别为 3 A·g^{-1}、5 A·g^{-1}、8 A·g^{-1} 和 10 A·g^{-1} 时,材料 10 ~ 12 的比电容分别为 230.5 F·g^{-1}、220.6 F·g^{-1}、212.9 F·g^{-1} 和 208.5 F·g^{-1},249.0 F·g^{-1}、239.2 F·g^{-1}、232.0 F·g^{-1} 和 231.7 F·g^{-1},154.5 F·g^{-1}、146.7 F·g^{-1}、136.0 F·g^{-1} 和 135.0 F·g^{-1}。三者比电容均高于母体多酸化合物,如图 5 – 14(d)所示。

第5章 磷钼酸基铜有机框架材料制备及其超电性能研究

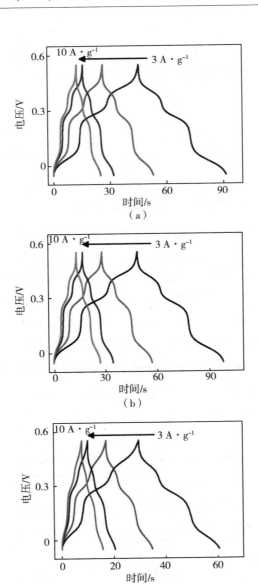

（a）

（b）

（c）

▶ 铜

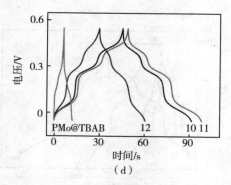

图 5-14 (a)~(c)材料 10~12 在电流密度分别为 3 A·g^{-1}、5 A·g^{-1}、8 A·g^{-1} 和 10 A·g^{-1} 时的恒流充放电曲线及(d)与母体多酸的对比曲线

由计算结果可知,随着电流密度的增大,比电容值逐渐降低。其原因可能是,随着电流密度的增大,电解液中离子在电极表面的扩散和迁移速率将受到一定的阻碍,进而导致溶液中的电荷来不及传递到活性材料的内部,使得反应过程不够充分。结果显示,材料 10~12 的比电容大小顺序与相对应 CV 曲线围成的面积一致,与材料 10~12 相对应的 ECSA 结果相似,可能是三乙胺分子对电子传输更有利。另外,材料 11 的比电容值高于已报道的绝大多数多酸基金属有机框架晶体材料,如表 5-2 所示。

表 5-2 典型的 POMOF 基超级电容器电极(三电极体系)

超级电容器电极	电流密度	比电容
$(C_{12}H_6N_2)_3\{[Cu(C_5H_3N_6)(H_2O)][P_2W_{18}O_{62}]\}\cdot 5H_2O$	5 A·g^{-1}	168 F·g^{-1}
$[Ag_5(C_9H_7N_3Br)_4][VW_{10}V_2O_{40}]$	110 A·g^{-1}	206 F·g^{-1}
$[H(C_{10}H_{10}N_2)Cu_2][PW_{12}O_{40}]$	5 A·g^{-1}	106.4 F·g^{-1}
$\{[Ag_5(C_4H_4N_2)_7](BW_{12}O_{40})\}$	2.16 A·g^{-1}	1058 F·g^{-1}
$\{[Ag_5(C_4H_4N_2)_7](SiW_{12}O_{40})\}(OH)\cdot H_2O$	2.16 A·g^{-1}	986 F·g^{-1}
$(C_4H_6N)\{[Ag(pz)]_2(PMo_{12}O_{40})\}$	2.16 A·g^{-1}	1611 F·g^{-1}
$[Ag_5(C_2H_2N_3)_6][H_5SiMo_{12}O_{40}]@15\%\ GO$	0.5 A·g^{-1}	230.5 F·g^{-1}

5.4.3 交流阻抗测试

为进一步考察材料 10~12 的比电容与材料电阻之间的关系,笔者对其进行了交流阻抗测试。如图 5-15 所示,以实部和虚部作图得到的 Nyquist 图中高频区并没有展示出明显的半圆结构,因而这里以曲线与实轴的交点代表修饰电极材料的欧姆阻抗,同时,这个交点也代表该材料的电子传导能力。因此,由图可知材料 11 展示了最好的导电性。另外,在低频区,材料 11 的斜率最大,表明其具有最小的离子扩散电阻。

该结果与上述提到的循环伏安测试和恒流充放电测试结果一致。进一步证明,尽管材料 10~12 均由相同组分的多酸、铜离子和配体构成,但三个材料具有不同的微结构,导致材料 11 具有较好的导电性和较小的离子扩散电阻,从而说明导电性与其微结构密切相关。

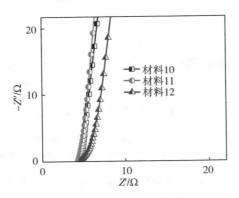

图 5-15 材料 10~12 的修饰电极的交流阻抗谱

5.4.4 循环稳定性测试

为了考察材料 10~12 的循环稳定性,笔者对其进行了 1000 次的重复充放电测试。结果如图 5-16 所示,三个材料均展示了较优异的电容保持率,分别为 93%、94% 和 91%。材料优异的电容保持率可能归因于它们结构中包含丰富的共价键、非共价键以及框架结构中的微腔构造,这些特殊的构造为框架材料在充放电过程中发生的轻微膨胀提供空间,因而多酸基金属有机框架材料具

▶ 铜

有较好的稳定性。

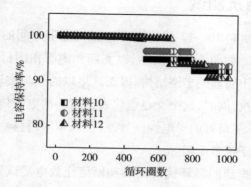

图 5-16 材料 10~12 在电流密度为 10.0 A·g^{-1} 时充放电 1000 次的电容保持率

5.5 磷钼酸基铜有机框架材料结构与超电性能的关系

本章利用三乙胺矿化剂和体系组分对结构进行了定向调控。当体系中金属源选用乙酸铜时,得到材料 10,该材料是由 PMo$_{12}$-Cu-btx 构成的二维砖型延展结构,同时,配体 btx 分子游离在二维层之间。若向材料 10 的合成体系中加入 0.3 mL 三乙胺,即得到材料 11,该材料是由多酸、金属和配体构成的二维格子型延展结构,同时,三乙胺分子游离在二维层之间。相较 Cu(Ⅱ),Cu(Ⅰ)配位模式更灵活,更易于与多酸和配体结合后形成三维结构。因此,在合成材料物 10 的过程中,将金属源由乙酸铜改为氯化亚铜,即得到三维共价连接的多酸基金属有机框架材料 12。其中,每个多酸分子在框架内部互相连接呈现一维链结构,同时多酸分子又通过四配位与框架内部相连。三者之间比电容大小顺序为材料 11 > 材料 10 > 材料 12,与三者电化学活性面积结果相似,原因可能有以下两点:(1)材料 10 和 11 呈二维层结构,材料 11 展示出更大的电化学活性面积,可能是二维材料在其平面延展方向有利于电子传输,并且层结构可以暴露出更多的活性位点,有利于提高材料的导电性;材料 12 呈三维共价纳米管结构,其电子传输沿一维管道方向有利,且多酸的活性位点被管道束缚,因此导电性较二维材料稍差。(2)游离的有机配体或三乙胺分子在层结构之间可能起到质子传导作用,增强材料的导电性,另外,游离的三乙胺分子与配体 btx 分子相比,前者与层结构之间通过更多数量的氢键结合,更有利于提高材料的导电性。综上所述,在超电性能方面,简单二维层结构的材料 10 和 11 优于三维纳米管状结构的材料 12,二维层间游离的分子越有利于质子传导,对材料比电容贡献就越大。

5.6 本章小结

本章选用 Keggin 型磷钼酸为多酸,铜盐为乙酸铜,配体为 btx,采用水热合成方法,通过改变乙酸铜为氯化亚铜,以及引入三乙胺,合成了三种磷钼酸基铜有机框架材料。

(1) 体系中矿化剂的浓度和 pH 值均是影响产物的重要因素。材料 10 是采用乙酸铜为金属盐,合成过程中不含三乙胺,该材料呈现出简单的二维砖型堆积结构,同时,游离的配体通过氢键相连起到稳定整体结构以及充当质子传导的作用;材料 11 与 10 的差别仅在于体系中引入了 0.3 mL 三乙胺,该材料亦呈现出简单的二维层结构,但游离的配体被三乙胺分子取代,起到稳定整体结构和充当质子传导的作用;材料 12 与 10 的差别仅在于体系中金属铜盐由乙酸铜变为氯化亚铜,即离子型铜元素变为共价型铜元素,而结构却从二维层状构型转变为三维纳米管构型。

(2) 采用三电极体系测试了材料 10~12 的电化学行为。循环伏安测试和恒流充放电测试结果表明,三者均属于赝电容电极材料,当电流密度为 3 A·g^{-1} 时,三者的比电容分别为 230.5 F·g^{-1}、249.0 F·g^{-1} 和 154.5 F·g^{-1};在 10 A·g^{-1} 的电流密度下,循环充放电 1000 次的电容保持率分别为 93%、94% 和 91%。

(3) 材料 10~12 的晶体结构具有相似的组分和不同的微结构,这三个材料为研究微结构与电容性能之间的关系提供了便利模型。通过比较三者的电容性能发现,简单二维层结构的材料优于三维纳米管状结构的材料,另外,二维层间游离的分子越有利于质子传导,对材料比电容贡献就越大。同时,在磷钼酸基铜有机框架材料中,多酸中多原子的化合价处于高价态时的比电容高于处于低价态时的比电容。

第6章 基于金属有机框架模板制备的空心多孔镍硫化物及超电性能研究

6.1 引言

过渡金属硫化物(TMS)相比于金属氧化物具有较高的导电性、机械强度和热稳定性,所以 TMS 作为电极材料的关键组成部分近年来受到了广泛的关注。此外,考虑到超高的比表面积和周期性的孔隙率,MOF 衍生的 TMS 在超级电容器领域具有广泛的应用。例如,Ho 等人利用 ZIF-67 纳米阵列作为牺牲模板构筑空心结构的层状 LDH 嵌入的 TMS,所制备的电极材料具有较高的比电容($661\ C\cdot g^{-1}$)。Liu 等人以 MOF-74 为前驱体,在石墨烯表面制备了 MOF-74 衍生的 NiS 纳米棒,该材料具有优异的比电容($744\ C\cdot g^{-1}$)。尽管 MOF 的衍生物有以上优势,但是也存在着不可避免的问题,并且这些问题会限制 MOF 的衍生物在超级电容器领域的应用。现有的制备 MOF 衍生过渡金属化合物的方法,如高温($>500\ ℃$)热解法过程很简单,但是由此产生的化合物容易自聚集或团聚,从而失去一些暴露的活性位点同时减缓电极中电解液离子的扩散速度,降低了电化学的性能。此外,目前报道的 MOF 衍生的过渡金属化合物多为粉末形式,对电极的后续制备过程需要使用非导电聚合物黏结剂(聚四氟乙烯)和导电剂(乙炔黑)。然而黏结剂和导电剂会增加内阻并且占据更多的活性位点,这也导致了电极材料的电容性和倍率性能不能令人满意。因此设计一种简便的操作方法解决所提到的缺点,对 MOF 衍生 TMS 在超级电容器领域中的应用至关重要。

以 MOF 作为模板衍生中空/多孔结构的 TMS 纳米阵列定向直接生长在导

电基底表面是解决以上问题的有效方法。MOF 衍生的 TMS 阵列在导电基底上定向生长可以避免 TMS 聚集。这种无须黏结剂/导电剂的电极避免了"死体积"并且可以显著提高材料的电活性利用率;中空/多孔的结构可以提供更多的接触面积,同时进行高效的电子/离子运输,缓解在充/放电过程中体积的膨胀/收缩;三维阵列纳米结构可以提高电极材料的力学性能和电子导电率,从而促进能量储存过程中的法拉第反应。此外,纳米阵列与导电基底之间强劲的附着力可以避免电极材料的脱落,使电极具有优异的循环稳定性。

非对称超级电容器普遍由赝电容电极和电双层电极组成,这是由于双电层电极材料可以有效扩大超级电容器的工作电压,进一步提高能量密度。因此,非对称超级电容器可以同时具有超级电容器(高功率密度、长周期寿命)和先进电池(高能量密度)的优点。由非对称超级电容器的公式($1/C_{ASC} = 1/C^{+} + 1/C^{-}$)可知,非对称超级电容器的电容性很大程度上依赖于负极的电容,然而负极通常是双电层电极材料,它们的电容性通常比正极低得多。因此设计新型的高电容性的负极材料对于实现非对称超级电容器的高能量密度至关重要。CoS_2 是一类重要的过渡金属硫族化合物,具有优异的物理、化学、电子和光学性能,在催化、半导体、可充电电池、磁性材料和超级电容器等领域有着广泛的应用。此外,它还具有优异的比电容和丰富的氧化还原反应活性位点。

本章对五边形的 ZIF-67 进行硫化处理,得到在泡沫镍表面定向生长的中空/多孔五边形的 $NiCo_2S_4$。所得的 $NiCo_2S_4$ 具有较好的电容性、良好的充放电速率和优异的循环寿命。

6.2 在泡沫镍表面制备 $NiCo_2S_4$ 阵列

将 40 mL 浓度为 0.4 mol·L^{-1} 的 2-甲基咪唑水溶液快速加入 40 mL 浓度为 25×10^{-3} mol·L^{-1} 的 $Co(NO_3)_2·6H_2O$ 水溶液中,然后将已经处理好的泡沫镍浸入混合溶液中。反应 4 h 后取出样品并用去离子水清洗,真空干燥过夜。泡沫镍的颜色由银色变成了紫色,即在泡沫镍表面制备出了 ZIF-67 阵列。

将负载 ZIF-67 阵列的泡沫镍浸入含有 0.2 g $Ni(NO_3)_2·6H_2O$ 的 50 mL 乙醇中搅拌回流 1 h。泡沫镍的颜色由紫色变成了浅绿色。将所得到的产物用乙醇冲洗三次,在 60 ℃ 的烘箱中干燥 24 h,在泡沫镍表面制备了 NiCo-

► 铜 LDH 阵列。

将 0.2 g 硫代乙酰胺(TAA)通过搅拌溶解到 50 mL 去离子水中。然后将负载 NiCo–LDH 的泡沫镍浸泡在上述溶液中。随后,将得到的溶液转移到 80 mL 高压反应釜中,并在 160 ℃下保持 16 h,用去离子水冲洗泡沫镍,在 80 ℃下干燥 12 h,泡沫镍的颜色由浅绿色变成了黑色,测定得出 $NiCo_2S_4$ 的负载量为 2.7 mg·cm^{-2}。

6.3 $NiCo_2S_4$ 的物理表征及分析

$NiCo_2S_4$ 是通过简单的原位共沉淀法辅以化学处理法和水热法制备而成的,具体流程如图 6–1 所示。首先,在 Co^{2+} 和 2–甲基咪唑的水溶液中通过原位共沉淀法在泡沫镍表面生长五边形的 ZIF–67 纳米阵列。在随后的化学处理过程中,将负载 ZIF–67 的泡沫镍放入含有硝酸镍的乙醇溶液中,在高温条件下硝酸镍分解产生的 H^+ 逐渐刻蚀 ZIF–67,ZIF–67 会释放 Co^{2+},所释放的 Co^{2+} 会与 ZIF–67 周围的 Ni^{2+} 和乙醇产生 OH^- 反应生成 NiCo–LDH,并且伴随的肯达尔效应使 NiCo–LDH 形成空心/多孔结构,ZIF–67 作为牺牲模板为空心/多孔结构的 NiCo–LDH 的制备提供 Co^{2+} 和基本骨架。最后,考虑到 NiCo–LDH 导电性较差并且与碳材料复合会牺牲有效的活性位点,所以对 NiCo–LDH 进行硫化处理,即在高温水热条件下 TAA 提供的大量 S^{2-} 与 NiCo–LDH 中的 OH^- 快速交换,生成 $NiCo_2S_4$ 正极材料。除此之外,ZIF–67 先与在乙醇中的 TAA 反应,进而在 N_2 中热处理,最后在泡沫镍表面得到空心的 CoS_2 纳米阵列作为负极材料,整个制备过程易于控制。

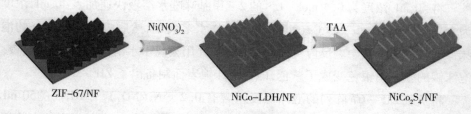

图 6–1 $NiCo_2S_4$ 的制备示意图

所制备的 ZIF-67、NiCo-LDH 和 $NiCo_2S_4$ 的 SEM 图如图 6-2 所示。SEM 图展示了五边形的 ZIF-67 纳米阵列生长在泡沫镍表面,其高度约为 1.4 μm,厚度约为 200 nm,如图 6-2(a) 和图 6-2(b) 所示。然后,ZIF-67 与 Ni$(NO_3)_2$ 在乙醇溶液中高温条件下反应转变为 NiCo-LDH,如图 6-2(c) 所示。经过化学刻蚀后,生成的 NiCo-LDH 五边形表面出现褶皱,但五边形的形貌仍能保持不变。经过最后的硫化处理,得到了生长在泡沫镍表面规整的 $NiCo_2S_4$ 纳米阵列,如图 6-2(d) 所示。

图 6-2 在泡沫镍表面生长的电极材料的 SEM 图
(a)、(b) ZIF-67;(c) NiCo-LDH;(d) $NiCo_2S_4$

图 6-3 为 ZIF-67 和 $NiCo_2S_4$ 的 TEM 图。五边形的 ZIF-67 纳米阵列是实心的结构,并且高度约为 1.4 μm,如图 6-3(a) 所示,高度与 SEM 图一致。在温和的反应条件下由于扩散控制过程,$NiCo_2S_4$ 具有中空/多孔结构,如图 6-3(b) 所示。HRTEM 图显示的晶格间距为 0.166 nm 和 0.235 nm,与 $NiCo_2S_4$ 的 (311) 和 (400) 晶面相吻合,如图 6-3(c) 所示。选区电子衍射图表明衍射环与 $NiCo_2S_4$ 的 (311)、(400)、(511) 和 (440) 晶面相对应,进一步证实得到的产物为 $NiCo_2S_4$,如图 6-3(d) 所示。

▶ 铜

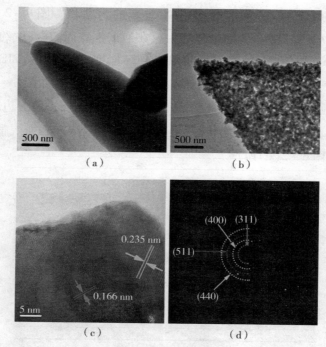

图6-3 (a)ZIF-67和(b)NiCo₂S₄的TEM图；
(c)NiCo₂S₄的HRTEM图；(d)NiCo₂S₄的选区电子衍射图

图6-4(a)分别展示了 $NiCo_2S_4$、NiCo-LDH 和 ZIF-67 的 XRD 谱图。$2\theta=44.3°$、$51.7°$和$76.4°$处的三个衍射峰归属于泡沫镍。除了起源于泡沫镍的衍射峰，还可以观察到一系列属于 ZIF-67 的衍射峰，这些衍射峰分别对应着 ZIF-67 的(011)、(002)、(112)、(222)、(114)和(134)晶面。当 ZIF-67 与 $Ni(NO_3)_2$ 反应后，ZIF-67 的特征峰消失并且出现了新的系列峰，这种现象说明 ZIF-67 晶体结构发生了变化。硫化处理后，$2\theta=16.1°$、$22.0°$、$31.8°$、$38.2°$、$47.2°$、$55.0°$处出现了一系列衍射峰，这一系列衍射峰与(111)、(220)、(400)、(422)、(511)、(440)晶面良好吻合，标志着成功制备了 $NiCo_2S_4$。这三种材料的红外光谱如图6-4(b)所示，$600\sim1500\ cm^{-1}$之间的波峰表示 ZIF-67 中咪唑环的拉伸和弯曲振动。此外，$2929\ cm^{-1}$处的峰归属于2-甲基咪唑内部芳香核的振动，证实了 ZIF-67 的成功制备。经过硫化处理，ZIF-67 的特征峰消失，进一步证实了晶体结构的成功改变。

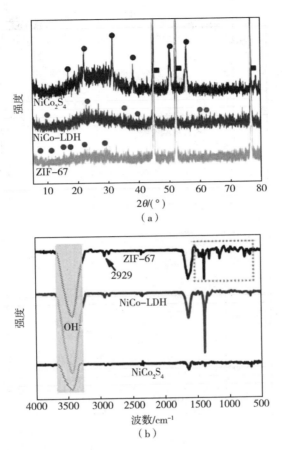

图 6-4 在泡沫镍表面生长的 ZIF-67、NiCo-LDH 和 $NiCo_2S_4$(a) 的 XRD 谱图和(b) $NiCo_2S_4$ 的红外光谱图

采用氮气吸附-脱附等温曲线分析了 $NiCo_2S_4$ 的结构特性。图 6-5(a)表示了Ⅳ等温线和 H3 回滞线模型。较高压力下存在的回滞环($p/p_0 > 0.4$)表明 $NiCo_2S_4$ 具有介孔结构。同时孔径分布图进一步证明了介孔的存在,如图 6-5 (b)所示。此外,$NiCo_2S_4$ 的比表面积为 79.3 $m^2 \cdot g^{-1}$。独特的介孔结构可以提供连续的离子扩散途径,从而加速离子的运输(提高扩散电容),高比表面积可以提供更丰富的活性位点(提高表面电容)。

▶ 铜

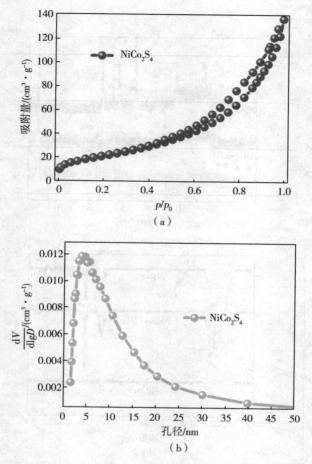

图6-5 (a)$NiCo_2S_4$的氮气吸附-脱附等温线和(b)相应的孔径分布

通过 XPS 分析确定了 $NiCo_2S_4$ 中的元素组成和化合价的详细信息。图6-6(a)表示所得到的最终产物包含 Ni 2p、Co 2p、O 1s、C 1s 以及 S 2p。在 Ni 2p XPS 谱中,两个峰值分别位于 855.6 eV 和 873.2 eV,另外两个峰值分别位于 856.4 eV 和 874.7 eV,分别对应于 Ni^{2+} 和 Ni^{3+},如图6-6(b)所示。如图6-6(c)所示,在 Co 2p XPS 谱中可以看到两个自旋轨道的双重态和两个卫星峰,这与 Co^{3+}(778.6 eV,793.6 eV)和 Co^{2+}(781.3 eV,796.7 eV)匹配得很好。而在 S 2p XPS 谱中,161.7 eV 处的峰值与金属—硫键有关,168.4 eV 处的峰值为表面的低配位。因此,可以证明该产品为 $NiCo_2S_4$,如图6-6(d)所示。

第6章 基于金属有机框架模板制备的空心多孔镍硫化物及超电性能研究

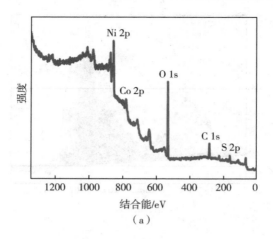

(a)

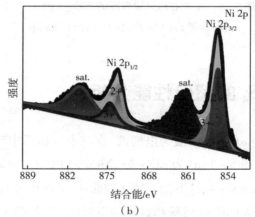

(b)

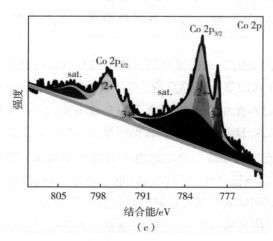

(c)

▶ 铜

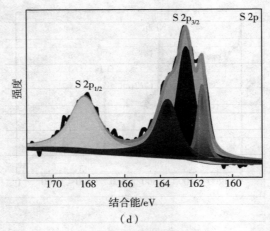

(d)

图6-6 生长在泡沫镍表面的$NiCo_2S_4$的XPS谱
(a)全谱;(b)Ni 2p;(c)Co 2p;(d)S 2p

6.4 $NiCo_2S_4$的超电性能分析

以6 mol·L^{-1} KOH水溶液为电解液,在三电极体系中对所有产物进行了电化学行为分析。图6-7(a)为ZIF-67、NiCo-LDH和$NiCo_2S_4$三种电极材料在相同扫描速率(5 mV·s^{-1})下的循环伏安曲线,从图中可以看出$NiCo_2S_4$的循环伏安曲线拥有最大的闭合面积和最强的电流响应,表明$NiCo_2S_4$具有最高的电容性。图6-7(b)为$NiCo_2S_4$在不同扫描速率下均表现出一对强氧化还原峰。

随着扫描速率的提高,这些循环伏安曲线的形状保持良好,证明$NiCo_2S_4$具有较低的电阻和快速的氧化还原反应。图6-7(c)为ZIF-67、NiCo-LDH和$NiCo_2S_4$三种电极材料在相同电流密度下的充放电曲线,$NiCo_2S_4$拥有最长的放电时间,表明$NiCo_2S_4$具有最高的电容性。图6-7(d)为在不同电流密度下$NiCo_2S_4$的恒电流充放电曲线。充电放电平台进一步揭示了其典型的法拉第氧化还原反应过程,这与循环伏安曲线的结果一致,并且这些充电放电曲线基本对称,这种现象说明$NiCo_2S_4$具有良好的可逆性和库仑效率。与此同时,阳极峰向正方向移动并且阴极峰向负方向移动,这意味着在电极和电解质的界面上电

第6章 基于金属有机框架模板制备的空心多孔镍硫化物及超电性能研究

阻较低并且氧化还原过程较快。

为了具体比较三种材料的电化学性能,笔者对三种材料在不同电流密度下的电容性进行了测试,如图6-7(e)所示。在各个电流密度下,$NiCo_2S_4$均具有最优异的电化学性能。在$1\ A\cdot g^{-1}$时,$NiCo_2S_4$电极的比电容为$939\ C\cdot g^{-1}$,当电流密度扩大为原来的十倍时,由于反应时间变短,电解液离子扩散到电极材料内部的时间有限,造成扩散电容急剧下降。然而$NiCo_2S_4$材料的比电容仍能保持$712\ C\cdot g^{-1}$(电容保持率75.8%),这充分说明了该电极材料具有优异的导电性和充足的孔隙率。此外,在$1\ mA\cdot cm^{-2}$的电流密度下,$NiCo_2S_4$具有$2.5\ C\cdot cm^{-2}$的面电容,如图6-7(f)所示。在图6-8中,$NiCo_2S_4$的最高比电容与之前报道的$NiCo_2S_4$基复合材料相比具有相当的竞争力。这种优越的电化学行为得益于其理想的中空/多孔结构,特别是中空和介孔结构可以提供更多的活性位点和更大的电极/电解质界面。

这种独特的结构还能很好地促进离子/电子的运输。图6-7(g)证实了ZIF-67、NiCo-LDH和$NiCo_2S_4$的电荷转移电阻值分别为$0.38\ \Omega$、$1.09\ \Omega$和$0.12\ \Omega$。这意味着$NiCo_2S_4$具有较强的导电性和快速的电荷转移。此外,每个电极的内部阻力值为$0.58\ \Omega$、$0.56\ \Omega$和$0.37\ \Omega$。为了验证$NiCo_2S_4$的循环稳定性,笔者研究了在$10\ A\cdot g^{-1}$电流密度下的连续充放电测试,如图6-7(h)所示。在连续5000次循环后$NiCo_2S_4$只有7.2%的电容衰减。极好的循环稳定性归因于其空心结构,该结构缓冲了在充放电循环中结构的膨胀或收缩,避免了电极材料发生坍塌。

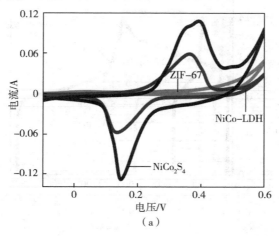

(a)

► 铜

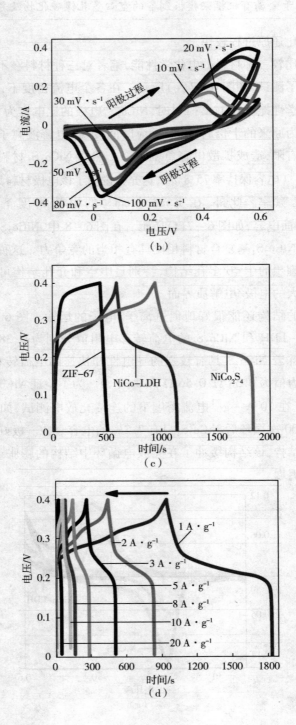

第6章 基于金属有机框架模板制备的空心多孔镍硫化物及超电性能研究

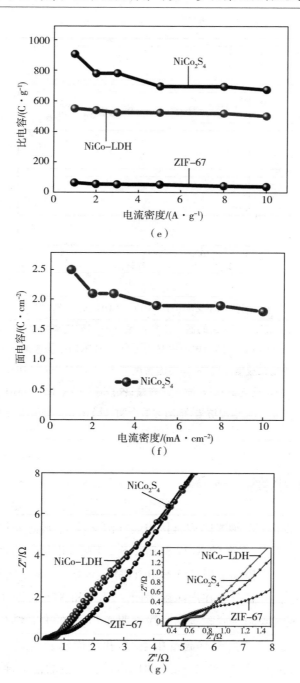

▶ 铜

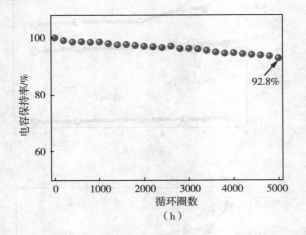

图 6-7　(a)相同扫速下 ZIF-67、NiCo-LDH、$NiCo_2S_4$ 的循环伏安曲线；(b)不同扫速下 $NiCo_2S_4$ 的循环伏安曲线；(c)相同电流密度下 ZIF-67、NiCo-LDH、$NiCo_2S_4$ 的恒电流充放电曲线；(d)不同电流密度下 $NiCo_2S_4$ 电极的恒电流充放电曲线；不同电流密度下 ZIF-67、NiCo-LDH、$NiCo_2S_4$ 的 (e)质量比容量和(f)面积比容量；(g)ZIF-67、NiCo-LDH 和 $NiCo_2S_4$ 的电化学阻抗谱，插图为放大图；(h)$NiCo_2S_4$ 的循环稳定性

6.5　本章小结

综上所述，ZIF-67 纳米阵列直接组装在泡沫镍上，经过不同的工艺处理可以制备出五边形中空/多孔的 $NiCo_2S_4$ 和 CoS_2，这两种电极材料适用于高级的非对称超级电容器的正极和负极。SEM 和 TEM 图证明了 $NiCo_2S_4$ 和 CoS_2 的中空/多孔的五边形结构并且分布在泡沫镍表面。XRD 和 XPS 证明了材料的组成和元素的价态。氮气吸附-脱附等温曲线表明 $NiCo_2S_4$ 的介孔结构和较高的比表面积($79.3\ m^2 \cdot g^{-1}$)。由于其高度中空/多孔结构以及与导电基体的直接接触，所得到的 $NiCo_2S_4$ 具有 $939\ C \cdot g^{-1}$ 的比容量和出色的倍率性能，这与之前记录的 $NiCo_2S_4$ 基复合材料相比具有相当的竞争力。由 $NiCo_2S_4$ 和 CoS_2 组装的非

对称超级电容器的最高能量密度为55.8 Wh·kg^{-1}。因此,这种牺牲模板法和水热法相结合制备的过渡金属硫化物将为储能应用开辟广阔的前景。

第7章 烟灰衍生多孔碳表面氧缺陷型钴酸镍制备及其超电性能研究

7.1 引言

一些研究表明,在现有的过渡金属氧化物中,$NiCo_2O_4$ 具有较高的理论电容,$NiCo_2O_4$ 由于其良好的导电性、低廉的成本、丰富的资源、耐腐蚀等特性,被认为是最有前途代替 RuO_2 的材料而受到越来越多的关注,因为相比于单一的金属氧化物 NiO 和 Co_3O_4,其具有更高的电子电导率。在 $NiCo_2O_4$ 晶体结构中,$NiCo_2O_4$ 与 Co_3O_4 有相似的结构,用 Ni 离子代替了部分 Co 离子,$NiCo_2O_4$ 成倒立方形尖晶石结构。O 离子紧密堆积成面心立方结构,Ni 离子占据八面体位置,Co 离子占据八面体和四面体位置。由于 Ni 离子的加入,$NiCo_2O_4$ 比 Co_3O_4 具有更高的导电性、更多的活性位点和更强的电荷储存能力。同时,存在 Ni^{2+}/Ni^{3+} 和 Co^{2+}/Co^{3+} 氧化还原电对的电荷转移和转换能力,能够发生多电子反应。

本章提出水热生长与部分还原相结合的策略,构筑组装在烟灰衍生多孔碳表面的氧缺陷型钴酸镍复合材料(Ov-NCO/PC-0.1)。复合材料中丰富的氧缺陷不仅可以提供高电导率和大量活性位点,还有利于增大电解质和电极材料的有效接触面积,并且磷酸盐离子的引入有利于减弱其氧化还原反应的活化能,从而提高其电化学反应可逆性。此外,相互连接的三维多孔网络结构、高比表面积和短离子/电子通道可以显著增强材料催化活性和电容性。

7.2 O_v-NCO/PC-X 复合材料的制备

(1)烟灰衍生碳(PC)的制备

首先,将收集的烟灰用去离子水多次洗涤,在60 ℃下干燥。分别取0.2 g $Mg(OH)_2 \cdot 3MgCO_3 \cdot 3H_2O$、0.2 g $ZnCl_2$ 与 2 g 烟灰于 20 mL 去离子水中搅拌均匀,干燥。随后,在管式炉中 N_2 气氛下升温至 600 ℃煅烧 2 h。冷却到室温后,置于 50 mL HCl (2 mol·L^{-1})中搅拌 18 h 后离心,用去离子水洗涤至中性并干燥,得到的烟灰衍生多孔碳命名为 PC。

(2)NCO/PC-X 的制备

取 0.2 g $Co(NO_3)_2 \cdot 6H_2O$、0.1 g $Ni(NO_3)_2 \cdot 6H_2O$ 和 0.1 g 尿素溶于 50 mL 去离子水中,剧烈搅拌 1 h。随后,将 X g(X=0.1、0.2 和 0.3)PC 加入上述溶液,搅拌 30 min 后将溶液转移到 50 mL 高压釜中,在 120 ℃下保持 16 h。待冷却到室温后离心、洗涤、干燥,转移到马弗炉中升温至 300 ℃(升温速率为 1 ℃·min^{-1})煅烧 2 h,所得材料命名为 NCO/PC-X。

(3)O_v-NCO/PC-X 的制备

取 1 g $NaH_2PO_2 \cdot H_2O$ 和 100 mg NCO/PC-0.1 放入两个瓷舟中,在管式炉的上游放置装有 $NaH_2PO_2 \cdot H_2O$ 的瓷舟,下游放置装有 NCO/PC-X 的瓷舟,在 N_2 气氛下升温至 250 ℃煅烧 1 h 得到 O_v-NCO/PC-X。为了进行比较,在不加入 PC 的条件下制备 NCO 和 O_v-NCO。

7.3 O_v-NCO/PC-0.1 复合材料的表征

7.3.1 SEM、TEM 分析

O_v-NCO/PC-0.1 复合材料是通过原位生长与部分还原相结合的策略制备而成的,图 7-1 描述了制备原位生长在烟灰衍生碳上氧缺陷型钴酸镍(NCO)纳米线的过程:首先,以废弃烟灰为前驱体,以 $ZnCl_2$ 和 $Mg(OH)_2 \cdot 3MgCO_3 \cdot 3H_2O$ 为牺牲剂和活化剂,通过高温煅烧、盐酸刻蚀得到烟灰衍生分层多孔碳。然后通过水热反应和高温煅烧法使 NCO 纳米线均匀分布在烟灰衍

▶ 铜

生碳表面。最后,通过气相沉积法对前驱体进行部分还原引入大量氧空位,并且引入磷酸根离子对材料进行表面修饰。丰富的氧空位可以调整局部电子分布,从而提供高电导率和丰富的活性位点。此外,磷酸根离子的引入有利于减弱氧化还原反应活化能,从而提高电化学反应可逆性。氧空位和磷酸盐离子引入过程可以表示如下:

$$2NaH_2PO_2 \cdot H_2O \stackrel{\triangle}{=\!=\!=} PH_3 + Na_2HPO_4 + 2H_2O \quad (7-1)$$

$$NiCo_2O_4 + xPH_3 =\!=\!= NiCo_2O_{4-x} + xH_3PO_4 \quad (7-2)$$

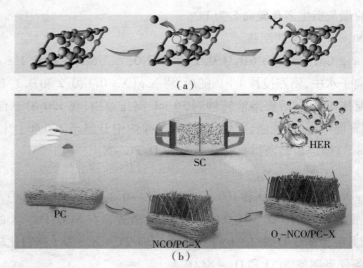

图 7-1 (a)$NiCo_2O_4$ 中氧空位的示意图;(b)O_v-NCO/PC-0.1 的制备过程

通过 SEM 研究样品的形貌。图 7-2(a)显示出烟灰衍生碳表面粗糙并且存在明显的大孔结构。随后通过水热反应、高温煅烧和气相沉积反应,氧空位和磷酸根离子表面修饰的 NCO 纳米线均匀生长在烟灰衍生碳表面,如图 7-2(b)所示,高倍放大的 SEM 图显示 NCO 纳米线几乎垂直表面生长,如图 7-2(c)所示,并相互连接形成网状结构,这种形貌可以缩短电子/离子传输距离,降低电解液离子的扩散电阻。O_v-NCO/PC-0.1 的面扫描元素分析(EDS)图像证明材料中 C、Ni、Co、O 和 P 元素均匀分布。

第7章 烟灰衍生多孔碳表面氧缺陷型钴酸镍制备及其超电性能研究

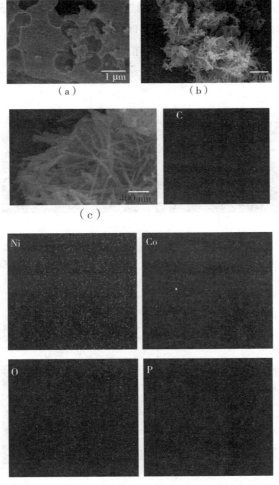

图7-2 (a)PC和(b)O_v-NCO/PC-0.1的SEM图；
(c)O_v-NCO/PC-0.1的高倍SEM图和相应的EDS图

利用TEM进一步研究O_v-NCO/PC-0.1的微观结构。图7-3(a)和图7-3(b)表明烟灰衍生碳具有微孔/中孔结构，并且形成了相互连接的蜂窝状网络结构。图7-3(c)~(e)证实氧缺陷型NCO纳米线组装在烟灰衍生碳表面并相互交联成网状结构，为电解液渗透提供更短的通道。图7-3(f)为O_v-NCO/PC-0.1的HRTEM图，从图中可以观察到晶面间距为0.2 nm的晶格条纹，对应NCO的(400)晶面。图7-3(g)和图7-3(h)显示O_v-NCO/PC-0.1

▶ 铜

的晶格条纹出现断裂、畸变现象,证明氧缺陷成功引入。图7-3(i)是对应的选区电子衍射图,清楚地证明了 O_v-NCO/PC-0.1 的多晶特征,并且从图中观察到 NCO 的(220)、(311)、(400)、(511)和(440)晶面,证明 O_v-NCO/PC-0.1 复合材料的成功制备。

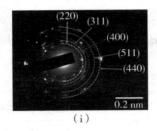

图 7-3 (a)、(b)PC 和(c)~(e)O_v-NCO/PC-0.1 的 TEM 图；
(f)~(h)O_v-NCO/PC-0.1 的 HRTEM 图；(i)O_v-NCO/PC-0.1 的选区电子衍射图

7.3.2 XRD 分析

使用 XRD 研究 O_v-NCO/PC-0.1 与 NCO/PC-0.1 的物相和结构组成，如图 7-4 所示。

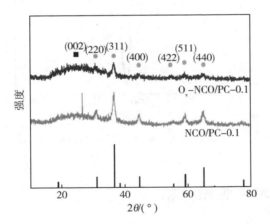

图 7-4 NCO/PC-0.1 和 O_v-NCO/PC-0.1 的 XRD 谱图

位于 25°左右的宽衍射峰对应烟灰衍生碳的(002)晶面，在 $2\theta = 30.6°$、36.5°、44.4°、55.4°、59.1° 和 64.9°处出现一系列衍射峰，分别对应 NCO 的 (220)、(311)、(400)、(422)、(511) 和 (440) 晶面，充分证明 O_v-NCO/PC-0.1 复合材料被成功制备。此外，NCO/PC-0.1 和 O_v-NCO/PC-0.1 的所有衍射峰都与尖晶石 NCO 相一致，表明在部分还原过程中没有发生相变。而且，O_v-

▶ 铜

NCO/PC-0.1 的衍射峰强度要弱于 NCO/PC-0.1，表明 O_v-NCO/PC-0.1 的无序度增大，这主要是部分还原后形成大量氧缺陷导致材料结晶度下降。

7.3.3 EPR 分析

通过 EPR 研究 O_v-NCO/PC-0.1 中的氧缺陷。如图 7-5 所示，NCO/PC-0.1 和 O_v-NCO/PC-0.1 在 $g=2.003$ 处都存在一对对称的振动峰信号，但是 O_v-NCO/PC-0.1 样品的峰值强度远高于 NCO/PC-0.1，表明部分还原后非配对电子增加，进一步证明 O_v-NCO/PC-0.1 样品中氧空位的形成。

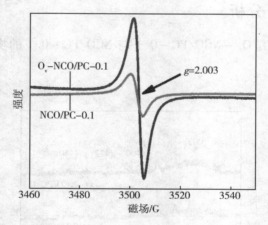

图 7-5　NCO/PC-0.1 和 O_v-NCO/PC-0.1 的 EPR 图

7.3.4 N₂ 吸附-脱附分析

采用 N_2 吸附-脱附测试确定合成样品的结构参数。如图 7-6 所示，当 $p/p_0<0.01$ 时曲线显示出明显的吸收峰，表明材料中存在微孔结构；当 $p/p_0>0.4$ 时出现磁滞回环，证明材料中介孔结构的存在；当 $p/p_0>0.9$ 时，曲线仍有上升趋势，说明材料中存在大孔结构。以上信息充分证实形成分层多孔结构，该结构缩短了电解液离子/电子传输路径，有利于提升材料的导电性。O_v-NCO/PC-0.1 的比表面积为 126.5 $m^2 \cdot g^{-1}$，孔径主要集中在 3.8~5.7 nm 范围内，随着 O_v-NCO 组装在 PC 表面，该复合材料同时具有 O_v-NCO

的优异电化学性能以及 PC 良好的导电性和出色的循环稳定性。

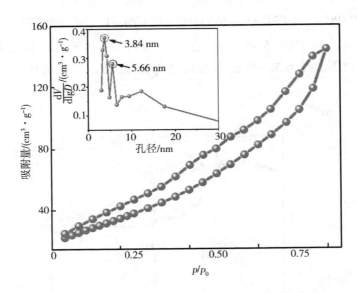

图 7-6 O_v-NCO/PC-0.1 的 N_2 吸附-脱附等温线,插图为孔径分布图

7.3.5 XPS 和 FT-IR 分析

为探究所制备复合材料的元素成分和电子结构,本书采用 XPS 和 FT-IR 对 O_v-NCO/PC-0.1 和 NCO/PC-0.1 进行分析。XPS 全谱如图 7-7(a)所示,在 O_v-NCO/PC-0.1 全谱中可以观察到 Ni、Co、O、C 以及 P 五种元素,然而在 NCO/PC-0.1 全谱中并未检测到 P 2p 峰,说明在部分还原过程中成功引入了磷酸根离子。Ni 2p 的 XPS 谱如图 7-7(b)所示,可以观察到四个明显的峰,其中位于 855.6 eV 和 873.2 eV 的峰对应于 Ni^{2+},而位于 856.4 eV 和 874.7 eV 的峰则对应于 Ni^{3+}。图 7-7(c)为 Co 2p 的 XPS 谱,可以观察到两个自旋轨道和两个卫星峰,分别与 Co^{3+} 和 Co^{2+} 相对应。此外,在 C 1s 的 XPS 谱中显示了三种类型的碳:C—C/C=C(284.5 eV)、C—O(285.9 eV)和 C=O (288.9 eV),如图 7-7(d)所示。O 1s 的 XPS 谱如图 7-7(e)所示,与 NCO/PC-0.1 相比,O_v-NCO/PC-0.1 中与氧缺陷相关的峰面积(531.2 eV)明显较大,表明部分还原处理后氧缺陷含量上升。而且,O_v-NCO/PC-0.1 中金

▶ 铜

属—氧峰的强度较低,表明部分还原后金属—氧强度减弱,主要是部分还原过程中材料无序度得到增强,导致结晶度有所降低,这与 XRD 结果相对应。O_v - NCO、NCO/PC - 0.1 以及 O_v - NCO/PC - 0.1 的 FT - IR 图如图 7 - 7(f) 所示。3402.8 cm^{-1} 和 1564.6 cm^{-1} 处的衍射峰由 O—H 和 C—O 引起。同时,800 cm^{-1} 以下的峰为 M—O 的弯曲振动特征峰,进一步证明复合材料的成功制备。

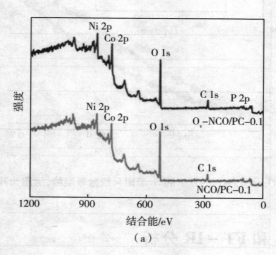

(a)

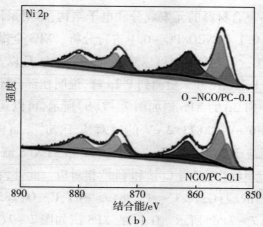

(b)

第7章 烟灰衍生多孔碳表面氧缺陷型钴酸镍制备及其超电性能研究

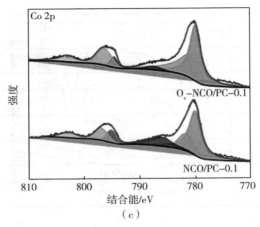

(c)

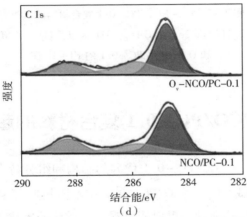

(d)

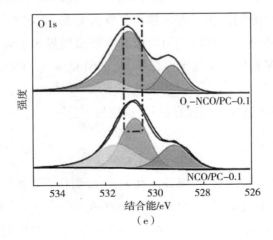

(e)

▶ 铜

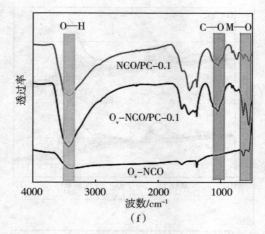

图 7-7　O_v-NCO/PC-0.1 复合材料的 XPS 谱
(a)全谱；(b)Ni 2p；(c)Co 2p；(d)C 1s；(e)O 1s 以及(f)O_v-NCO、NCO/PC-0.1
和 O_v-NCO/PC-0.1 的 FT-IR 图

7.4　O_v-NCO/PC-0.1 复合材料的超电性能研究

为充分证实 O_v-NCO/PC-0.1 优异的结构和组分特点，笔者对所制备电极材料进行 CV 测试。O_v-NCO/PC-0.1 在不同扫速（5~50 mV·s^{-1}）下的 CV 曲线如图 7-8(a)所示。可以明显观察到对称的氧化还原峰，随着扫速增加阳极峰和阴极峰分别向相反方向移动且保持对称，表明 O_v-NCO/PC-0.1 具有出色的氧化还原反应可逆性与电极和电解质的界面上较低的电阻。在整个扫速范围内，CV 曲线形状几乎保持不变，证明 O_v-NCO/PC-0.1 具有优异的倍率性能。

此外，为了深入研究电荷储存机制，根据如下公式从 CV 曲线中计算出电容贡献率：

$$i(v) = k_1 v + k_2 v^{1/2} \tag{7-3}$$

其中，i 是电流响应，v 是扫描速率，$k_1 v$ 和 $k_2 v^{1/2}$ 分别代表表面控制电荷和扩散控制电荷。图 7-8(b)表示 O_v-NCO/PC-0.1 在 30 mV·s^{-1} 下的扩散/表面控制过程的贡献值。如图 7-8 所示，在 5 mV·s^{-1} 时表面控制过程电容贡献值为

75.5%，随着扫速增大，扩散控制过程电容贡献值逐渐减小，这主要是由于在高扫速下受到反应动力学限制参与反应的活性位点不足，从而扩散控制过程电容有所损失。然而，由于 O_v-NCO/PC-0.1 的分层多孔结构加速离子扩散，扩散控制过程电容贡献值在扫速增大 10 倍时仅减少 21.6%。

O_v-NCO/PC-0.1 在不同电流密度下得到 GCD 曲线如图 7-8(d)所示，明显的充放电平台表明其具有赝电容特性。此外，对称的充放电曲线表明 O_v-NCO/PC-0.1 具有良好的电化学特性和优异的氧化还原可逆性。图 7-8(e)对各电极材料在不同电流密度下的电容性进行对比，O_v-NCO/PC-0.1 在 1 A·g^{-1} 时的比电容为 380.8 C·g^{-1}，电流密度扩大 10 倍时仍然保持 360.6 C·g^{-1} 的比电容，高于 O_v-NCO、NCO/PC-0.1、NCO 和 PC。如图 7-8(h)所示，相较于之前报道的 NCO 基电极材料，O_v-NCO/PC-0.1 的电容性明显更出色。此外，O_v-NCO/PC-0.1 的电容性随着电流密度增加出现明显的下降，这主要是由于在有限时间内，电解液离子的运动受到限制，只有部分活性物质参与电化学反应，进而造成电容性衰减。对所制备的电极材料进行 EIS 测试。如图 7-8(f)所示，O_v-NCO/PC-0.1 表现出最小的内阻和电荷转移电阻，证明其电导率较高并且电荷转移在电极/电解质界面更容易发生。循环稳定性是评价超级电容器性能的重要指标。如图 7-8(g)所示，在 10 A·g^{-1} 的电流密度下重复进行 5000 多次 GCD 测试后，O_v-NCO/PC-0.1 的电容性为初始值的 78.8%，证明 O_v-NCO/PC-0.1 电极材料具有优异的循环稳定性。

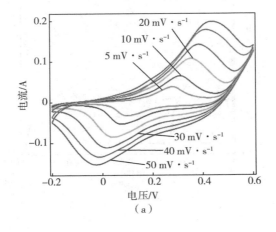

(a)

▶ 铜

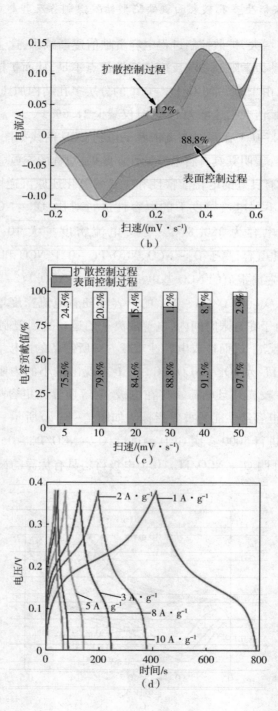

第7章 烟灰衍生多孔碳表面氧缺陷型钴酸镍制备及其超电性能研究

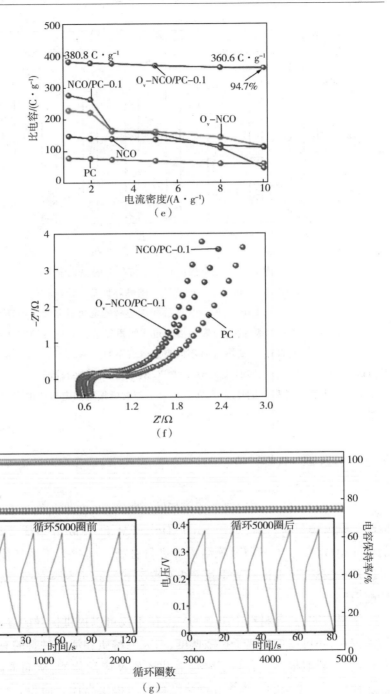

▶ 铜

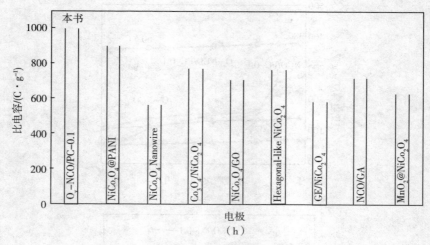

图7-8 三电极体系下电极材料的电化学性能
(a) O_v-NCO/PC-0.1在不同扫速下的循环伏安曲线；(b) 30 mV·s^{-1}时
O_v-NCO/PC-0.1电极的扩散/表面控制过程的电容贡献值；(c) 不同扫速下
O_v-NCO/PC-0.1电极的扩散/表面控制过程的贡献值；(d) O_v-NCO/PC-0.1在不同
电流密度下的GCD曲线；(e) 不同电流密度下O_v-NCO/PC-0.1的比电容；
(f) O_v-NCO/PC-0.1、NCO/PC-0.1和PC的电化学阻抗图；(g) O_v-NCO/PC-0.1的
电容保持率；(h) O_v-NCO/PC-0.1与文献报道的电极比电容的对比

7.5 本章小结

本章通过原位生长与部分还原相结合的策略，在烟灰衍生多孔碳上生长氧缺陷型钴酸镍复合材料，利用 XRD、XPS、SEM 和 TEM 等表征手段对复合材料的物相组成、元素价态和微观结构等进行分析。同时运用循环伏安法、线性扫描循环伏安法、恒电流充放电法和电化学阻抗等探究材料的催化活性和电荷存储能力。

结果表明，复合材料中丰富的氧空位不仅可以提供优异的导电性和大量的活性位点，还可以加快离子扩散速度，增大电解质和活性材料的有效接触面积。此外，引入磷酸根离子有利于降低氧化还原反应活化能，从而提高电化学反应可逆性。相互连接的三维多孔网络结构可以提供高比表面积和短离子/电子通

道,显著提高材料的电化学性能。电化学测试结果表明,活性材料作为电催化剂用于析氢测试时,电流密度为 10 mA·cm^{-2}时所需过电势为 135.9 mV;O_v-NCO/PC-0.1 最高比电容为 380.8 C·g^{-1},电容性居 $NiCo_2O_4$ 基复合材料前列。

第 8 章 中低温煤沥青树脂基多孔炭的制备及其超电性能研究

8.1 引言

在各类炭质材料中,多孔炭材料因具有较高的比表面积、优异的导电性、良好的稳定性和易于调控的表面化学性质,广泛应用在能源和环保领域。近年来,活性炭、介孔炭、分级多孔炭和泡沫炭等因在能量转换和存储技术上拥有巨大应用潜力而越来越受到人们的关注。

在用于制备多孔炭的众多原料中,煤沥青因具有含碳量高、来源广泛和价格低廉等优点,被认为是合成各种功能性炭材料的优质前驱体。Zhong 等人以高温煤沥青为原料,纳米氧化物为模板,采用 KOH 活化法制备高比电容沥青基炭电极材料。但是,以中低温煤沥青为原料制备多孔炭材料应用于电极材料方面的报道不多。众多制备多孔炭材料的方法中,KOH 活化法因其成本低、技术成熟、微孔分布广和超高比表面积等优点成为最常用的活化方法之一。

本章以中低温煤沥青树脂为原料,经炭化和 KOH 活化后制得中低温煤沥青树脂基多孔炭。利用多种研究手段对多孔炭材料的结构和电化学性能进行研究,为中低温煤沥青高附加值利用提供了一条新途径。

8.2 多孔炭的制备

将中低温煤沥青树脂进行粉碎和筛分。称取一定量的样品($D < 150\ \mu m$)移入管式炉中,在 N_2 下以 5 ℃·min^{-1} 的升温速率升温至 500 ℃,恒温炭化

第8章 中低温煤沥青树脂基多孔炭的制备及其超电性能研究

40 min,冷却至室温后取出,得到的样品标记为 MLPR - C - 500。按质量比 1∶2 称取 MLPR - C - 500($D < 150$ μm)和 KOH,将 MLPR - C - 500 浸渍于 KOH 溶液(1 g KOH 溶于 1 mL 水)中,12 h 后蒸干多余水分,移入管式炉,在 N_2 下以 5 ℃·min^{-1}的升温速率升温至试验温度(700 ℃、750 ℃、800 ℃和 850 ℃),并恒温 1 h,冷却至室温。将活化后的样品进行酸洗和水洗,pH 值达到 7 后,干燥得到中低温煤沥青树脂基多孔炭成品,记为 MLPR - PC - x,x 代表活化温度,制备路线图如图 8 - 1 所示。

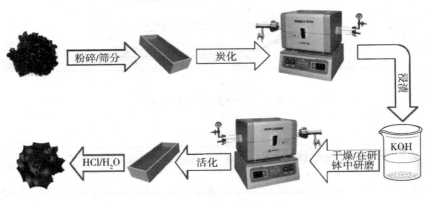

图 8 - 1 多孔炭制备路线图

8.3 多孔炭的表征

8.3.1 XRD 分析

中低温煤沥青树脂 500 ℃炭化物(MLPR - C - 500)和不同活化温度多孔炭材料的 XRD 谱图如图 8 - 2 所示。MLPR - C - 500 和四种多孔炭材料在 25°附近都有一个不对称的宽峰,只是在衍射峰强度上稍有差异,这是由非晶态碳造成的。MLPR - C - 500 的(002)处峰较为尖锐,表明其具有相对较高的有序化程度。与 MLPR - C - 500 相比,活化后的多孔炭材料在(002)处峰强度减弱,表明样品有序化程度降低,这是由于经 KOH 活化,多孔炭材料的微晶结构遭到破坏,芳香层的堆积结构向无定形结构转变,从而导致孔隙增多,这种现象随着活化温度的升高更加明显,说明活化温度对多孔炭材料的有序化程度产生较大影响。

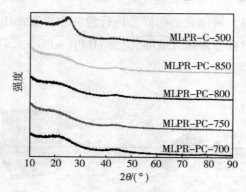

图 8-2 样品的 XRD 谱图

8.3.2 Raman 光谱分析

MLPR-C-500 和不同活化温度下多孔炭材料的 Raman 光谱如图 8-3 所示。所有样品均在 1355 cm^{-1} 和 1600 cm^{-1} 附近出现两个不对称的特征吸收峰 D 峰和 G 峰,这两个峰形状和趋势相似。其中 D 峰与炭材料的晶体缺陷或无序化程度有关,而 G 峰与炭材料的石墨化程度有关。一般用 D 峰和 G 峰的峰参数比来衡量炭材料的无序化程度和缺陷程度,I_D/I_G 数值越小,表明炭材料的规整程度越高,无序化程度越低。由图 8-3 中样品的 I_D/I_G 值可知,未经活化的 MLPR-C-500 的 I_D/I_G 值最低(3.66),随着活化温度的升高,多孔炭材料的 I_D/I_G 值先增大后减小,MLPR-PC-700、MLPR-PC-750、MLPR-PC-800 和 MLPR-PC-850 的 I_D/I_G 值分别为 4.15、4.29、4.39 和 3.71,所有多孔炭的 I_D/I_G 值都大于 MLPR-C-500。这是 KOH 的刻蚀作用使多孔炭的微晶结构遭到破坏,活化温度低于 800 ℃时,由于 KOH 的刻蚀作用,芳香层的堆积结构向无定形结构转变,I_D/I_G 值逐渐增大;当活化温度超过 800 ℃,KOH 分解,高温使多孔炭的石墨微晶片层局部趋于有序堆叠,有序化程度提高,I_D/I_G 值减小,这与 XRD 测试结果一致。也就是说,笔者所制备的多孔炭微晶结构属于无定形碳兼含部分石墨微晶结构。

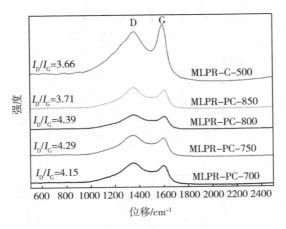

图 8-3　样品的 Raman 光谱

为了进一步分析多孔炭的微晶结构,笔者将多孔炭的 Raman 光谱进行分峰拟合,拟合结果如图 8-4 所示。MLPR-PC-700、MLPR-PC-750 和 MLPR-PC-800 的分峰拟合结果中均含有四个 D 峰和一个 G 峰,而 MLPR-PC-850 少了一个 D2 峰。这五个碳峰中,G 峰代表理想石墨晶体峰,D1、D2、D3 和 D4 峰由 D 峰分峰拟合得出,均属碳微晶的缺陷峰。对拟合谱得到的数据进行处理,结果列于表 8-1。由表 8-1 可以看出,在不同活化温度下的 I_G/I_{all} 值中,MLPR-PC-850 > MLPR-PC-700 > MLPR-PC-800 > MLPR-PC-750,说明四种多孔炭的碳微晶结构规整程度为 MLPR-PC-850 > MLPR-PC-700 > MLPR-PC-800 > MLPR-PC-750;MLPR-PC-700 和 MLPR-PC-800 的 I_G/I_{all} 值相差不大,说明这两种多孔炭的微晶结构比较接近,这与 XRD 的分析结果一致。I_{D3}/I_{all} 值的大小反映了炭材料中无定形碳的含量,MLPR-PC-800 的 I_{D3}/I_{all} 值最大,说明其无定形碳含量最高,有序化程度最低;而 MLPR-PC-850 的 I_{D3}/I_{all} 值明显小于其他三个样品,即 MLPR-PC-850 无定形碳含量小于其他三个样品。另外,MLPR-PC-850 比其他三个样品缺少一个 D2 缺陷峰,也就是说 MLPR-PC-850 微晶结构更趋于完整,这更好地验证了前面的分析结果。

▶ 铜

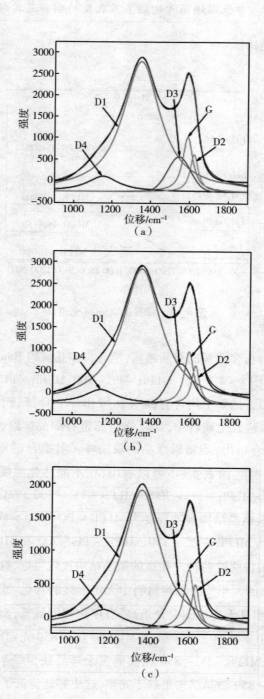

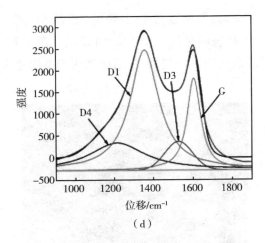

(d)

图 8-4 多孔炭的 Raman 分峰拟合谱图

(a) MLPR-PC-700; (b) MLPR-PC-750; (c) MLPR-PC-800; (d) MLPR-PC-850

表 8-1 多孔炭的 Raman 拟合参数

样品	整体区域					比例/%	
	I_{D1}	I_{D2}	I_{D3}	I_{D4}	I_G	I_G/I_{all}	I_{D3}/I_{all}
MLPR-PC-700	940186.44	65469.44	121527.46	90532.46	119668.32	8.95	9.09
MLPR-PC-750	991540.84	60706.96	134267.63	80737.16	104106.82	7.59	9.79
MLPR-PC-800	630518.56	46518.96	92686.74	79451.58	78118.98	8.42	10.00
MLPR-PC-850	682200.38	—	114113.43	259351.90	255137.39	19.46	8.71

8.3.3 微观形貌分析

采用 SEM 对多孔炭的表面形貌进行了观察,图 8-5 为 MLPR-C-500 和 MLPR-PC-750 的 SEM 图。由图可以看出,中低温煤沥青树脂经 500 ℃ 炭化

▶ 铜

后 MLPR-C-500 样品表面微观形貌主要呈"流线型"并且未见孔隙,而经 KOH 活化的多孔炭样品表面呈现类似"蜂窝状"的孔隙结构。这表明 KOH 活化过程与碳发生了刻蚀反应,从而起到了活化剂作用来构建多孔结构。

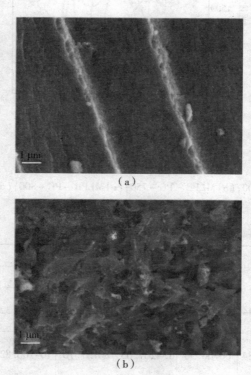

图 8-5 (a)MLPR-C-500 和(b)MLPR-PC-750 的 SEM 图

8.3.4 多孔炭的吸附性能分析

多孔炭材料的比表面积与其碘吸附值密切相关,是快速表征多孔材料比表面积的有效方法。图 8-6 是不同活化温度下制备的多孔炭的碘吸附值。随着活化温度的升高,多孔炭材料的碘吸附值逐渐增大,当活化温度达到 800 ℃ 及以上时,碘吸附值变化趋于平缓,碘吸附值最高可达 1442 mg·g^{-1},而在活化温度由 750 ℃ 升高到 800 ℃ 这一过程中碘吸附值明显增大,说明在这一温度区间内活化温度对多孔炭材料的比表面积影响较大,有利于炭材料比表面积的提高。由于碘分子半径的大小在 0.6 nm 左右,碘吸附值只能评估孔径在 1.0 nm 左右孔隙的发达程度。因此,碘吸附值只能初步反映多孔炭材料的孔径大小,想要获取更准确的比表面积信息,需要对炭材料孔结构作进一步分析。

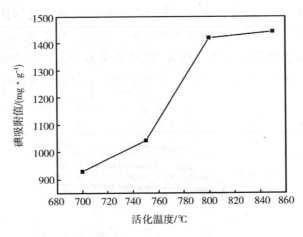

图 8-6　多孔炭的碘吸附值

8.3.5　多孔炭的孔结构分析

为了更好地描述多孔炭材料的孔结构特征,笔者通过 N_2 吸附-脱附试验来检测活化过程中孔隙结构的变化。不同活化温度下制备的多孔炭材料的 N_2 吸附-脱附等温曲线与孔径分布如图 8-7 所示。

由图 8-7(a)可以看出,所有样品的 N_2 吸附-脱附等温线都呈现出类似 I 型的特征,在 $p/p_0 < 0.05$ 时,氮气的吸附量急剧增加,这代表大量的氮被迅速吸收并达到饱和,在中压区氮气吸附的曲线不再有明显的增加,显然是典型的微孔吸附的特征。吸附曲线在较大的分压范围内出现平台,这表明微孔已经被充满,无法进一步吸附。在 $0.5 < p/p_0 < 1$ 时,曲线呈现出微弱的滞后环,说明多孔炭结构中有一定介孔结构存在。由图 8-7(b)可知,活化温度小于 750 ℃时的样品的孔径主要集中在 0.5~2 nm 之间,随着活化温度的升高,在 2~3 nm 区间有一定量的介孔分布,表明随着活化温度的升高孔隙有逐渐增大增多的趋势。这是高温下 KOH 对炭壁的刻蚀作用增强使部分微孔扩大至介孔甚至大孔

▶ 铜

导致的。不同活化温度下多孔炭材料的孔结构参数如表 8-2 所示。随着活化温度的升高,多孔炭材料的比表面积逐渐提高,MLPR-PC-700、MLPR-PC-750、MLPR-PC-800 和 MLPR-PC-850 的比表面积分别为 1070 $m^2 \cdot g^{-1}$、1207 $m^2 \cdot g^{-1}$、1274 $m^2 \cdot g^{-1}$ 和 1461 $m^2 \cdot g^{-1}$,并且微孔占比表面积的大部分,活化温度在 750 ℃时,微孔率达到最大(82.55%),之后随着活化温度的升高,微孔率逐渐降低,平均孔径逐渐增大。这是因为温度升高,强烈的活化作用使炭材料的石墨微晶缺陷结构逐渐增大,微晶结构无序化程度增强,从而导致孔结构发生改变。因此,在活化过程中,温度是控制炭材料形成微孔的关键因素。

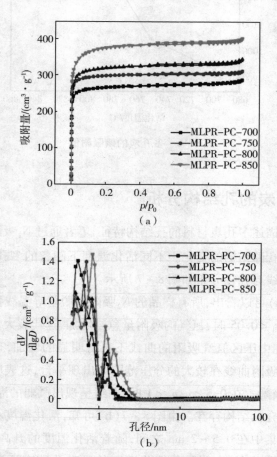

图 8-7 (a)多孔炭的 N_2 吸附-脱附等温曲线和(b)孔径分布

表 8-2　多孔炭材料的孔结构参数

样品	S_{BET}^1/ ($m^2 \cdot g^{-1}$)	V_{total}^2/ ($cm^3 \cdot g^{-1}$)	微孔(<2 nm)			平均孔径/ nm
			S_{micro}^3/ ($m^2 \cdot g^{-1}$)	V_{micro}/ ($cm^3 \cdot g^{-1}$)	$\frac{V_{micro}}{V_{total}}$/%	
MLPR-PC-700	1070	0.4433	908	0.3456	77.96	1.66
MLPR-PC-750	1207	0.4809	1047	0.3970	82.55	1.59
MLPR-PC-800	1274	0.5307	1004	0.3860	72.73	1.67
MLPR-PC-850	1461	0.6189	1017	0.4014	65.29	1.69

注：(1) 比表面积由 BET 方程计算；
(2) 总孔体积由 $p/p_0 = 0.99$ 时吸附的氮气量确定；
(3) 微孔体积。

8.4　多孔炭的超电性能研究

8.4.1　循环伏安测试

不同活化温度下中低温煤沥青基多孔炭材料的循环伏安曲线如图 8-8 所示。由图 8-8(a)的循环伏安曲线可以看出,四种多孔炭材料的循环伏安曲线均呈现近似矩形形状,表明这四种多孔炭材料具有双电层电容特征。随着活化温度的升高,循环伏安曲线的面积先增大后减小,说明多孔炭材料的比电容先增大后减小。活化温度为 750 ℃时,曲线所围成的面积最大,说明其具有最大的比电容。这是由于活化温度在 750 ℃时,炭材料较高的比表面积和较大的微孔率以及较多的孔道缺陷结构增加了材料的储能容量。图 8-8(b)为不同扫速下 MLPR-PC-750 的循环伏安曲线。显然,当扫速从 5 mV·s^{-1} 增加到 100 mV·s^{-1} 时,循环伏安曲线出现了一定程度的变形,但仍保持良好的准矩形

▶ 铜

形状,说明在较高的扫描速率下,电解质离子仍然表现出快速的离子响应,进一步说明该材料作为超级电容器的电极材料时具有良好的倍率性。

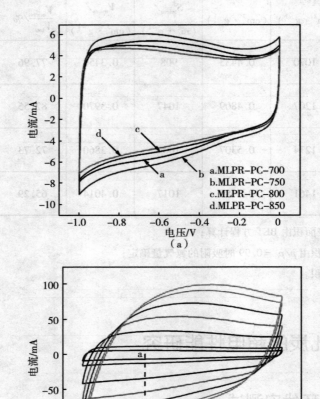

图 8-8 （a）扫速为 5 mV·s^{-1} 时的循环伏安曲线；
（b）MLPR-PC-750 在不同扫速下的循环伏安曲线

8.4.2 恒流充放电测试

图 8-9 是不同活化温度下的多孔炭材料的恒流充放电曲线。由图 8-9

(a)可以看出,四种多孔炭材料的恒流充放电曲线都呈近似对称的等腰三角形,这表明多孔炭材料在充放电过程中具有良好的电化学可逆性能。MLPR-PC-750 的放电时间明显比其他样品的放电时间长,说明其比电容最高,这与循环伏安结果一致。MLPR-PC-750 在不同电流密度下的恒流充放电曲线如图 8-9(b)所示,随着电流密度的增加,MLPR-PC-750 的充放电时间缩短,说明电极材料的比电容值降低。随着电流密度的增大,充放电曲线仍保持良好的对称性,表明 MLPR-PC-750 的充放电可逆性能保持良好。

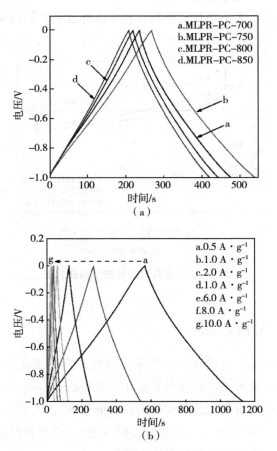

图 8-9 (a)1.0 A·g^{-1} 时多孔炭的恒流充放电曲线;
(b)MLPR-PC-750 在不同电流密度下的恒流充放电曲线

▶ 铜

不同活化温度下多孔炭材料的倍率性能如图 8-10 所示,随着电流密度的增加,电极材料的比电容降低。在相同的电流密度下,MLPR-PC-750 具有更高的比电容,虽然其比表面积略低于 MLPR-PC-800 和 MLPR-PC-850,但其微孔含量较高,由于离子的溶剂化作用,特别是小于 1 nm 的微孔更有利于电解质离子的积累和电荷的存储,使其比电容显著增大。当电流密度为 $0.5\ A \cdot g^{-1}$ 时,多孔炭材料 MLPR-PC-750 的比电容最大为 $281.6\ F \cdot g^{-1}$,电流密度增大到 $10.0\ A \cdot g^{-1}$ 时,MLPR-PC-750 比电容降低至 $220.5\ F \cdot g^{-1}$,但仍能维持 78.3% 的电容保持率,表明 MLPR-PC-750 具有良好的倍率性能,这是由于合理的孔径大小和孔径分布有利于电解液离子的快速迁移。

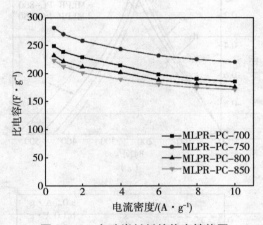

图 8-10 多孔炭材料的倍率性能图

8.4.3 交流阻抗测试

利用电化学阻抗谱可以深入了解不同活化温度下多孔炭材料的电阻和电容性质。图 8-11 为不同活化温度下多孔炭材料的 Nyquist 图,由图可以看出,所有多孔炭电极都具有相似的阻抗行为。在低频区,所有曲线呈现近乎垂直于横轴的直线,说明电解质离子可以很容易到达表面,没有扩散限制,说明它们都接近于理想双电层电容器电极材料的电容特性。

图 8-11 的插图显示,在高频区可以观察到凹陷的半圆,随着活化温度升高,半圆直径明显递减,表明其电荷传输电阻较低;图中 MLPR-PC-700、ML-

PR-PC-750、MLPR-PC-800 和 MLPR-PC-850 与横轴的交点分别为 0.548 Ω、0.550 Ω、0.514 Ω 和 0.515 Ω,此交点值代表三电极测试体系的等效串联电阻。三电极测试体系中多孔炭的等效电阻均较小,表明电极材料具有良好的导电性能,MLPR-PC-800 和 MLPR-PC-850 的等效串联电阻值较 MLPR-PC-700 和 MLPR-PC-750 略小,可能是由于介孔结构促进了离子转移。

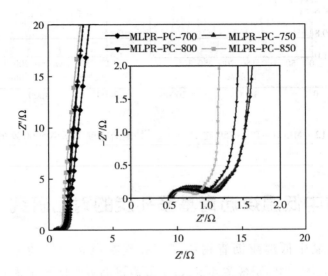

图 8-11 多孔炭的交流阻抗图

8.4.4 循环稳定性测试

在 10 A·g^{-1} 的电流密度下,对 MLPR-PC-750 进行了长周期恒电流循环充放电测试。如图 8-12 所示,MLPR-PC-750 在循环 5000 次之后,其质量比电容的稳定性仍能保持 99.3%,5000 次循环之后充放电曲线仍具有良好的对称性,这充分证明了该材料具有良好的循环稳定性能。

▶ 铜

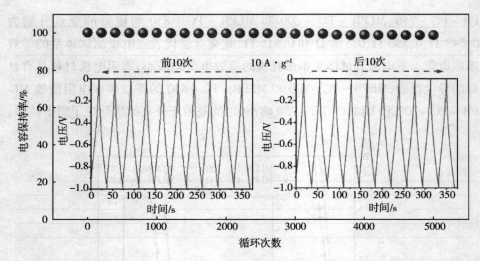

图 8-12 MLPR-PC-750 在 10 A·g^{-1} 的电流密度下循环 5000 次的稳定性

8.5 与中低温煤沥青基多孔炭的对比研究

为了凸显中低温煤沥青树脂基多孔炭在电化学性能方面的优势,在 MLPR-PC-750 相同制备条件下,以中低温煤沥青为原料制备了中低温煤沥青基多孔炭 MLP-PC-750,并对 MLP-PC-750 的结构和电化学性能进行研究。

8.5.1 XRD 分析

图 8-13 为中低温煤沥青 500 ℃炭化物(MLP-C-500)和活化温度为 750 ℃时多孔炭材料(MLP-PC-750)的 XRD 谱图。从图 8-13 可以看出,MLP-C-500 和 MLP-PC-750 在 25°附近都有一个不对称的宽峰,只是在衍射峰强度上有一些差异,这是非晶态碳造成的。MLP-C-500 的(002)处峰较尖锐,表明其具有相对较高的有序化程度。与 MLP-C-500 相比,活化后的多孔炭材料 MLP-PC-750 在(002)处峰强度减弱,(002)处峰向小角度方向偏移,表明样品有序化程度低,这是由于经 KOH 活化,多孔炭的微晶结构遭到破坏,芳香层的堆积结构向无定形结构转变。

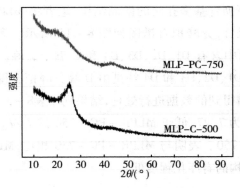

图 8-13 样品的 XRD 谱图

8.5.2 Raman 光谱分析

MLP-C-500 和 MLP-PC-750 的 Raman 光谱如图 8-14 所示。MLP-C-500 和 MLP-PC-750 均在 1355 cm^{-1} 和 1600 cm^{-1} 附近出现两个不对称的特征吸收峰 D 峰和 G 峰,这两个峰形状和趋势相似。通过 Raman 光谱分峰拟合得到 MLP-C-500 和 MLP-PC-750 的 I_D/I_G 值分别为 3.98 和 4.26,MLP-C-500 经 KOH 活化 I_D/I_G 值增大。这是 KOH 的刻蚀作用使多孔炭的石墨微晶结构遭到破坏,芳香层的堆积结构向无定形结构转变,导致 I_D/I_G 值逐渐增大。

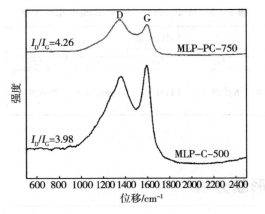

图 8-14 样品的 Raman 光谱

▶ 铜

为了进一步分析沥青基多孔炭的微晶结构,笔者将 MLP-PC-750 的 Raman 光谱进行分峰拟合,分峰拟合谱图如图 8-15 所示。多孔炭 MLP-PC-750 的分峰拟合谱图中含有 D1、D2、D3、D4 和 G 五个碳峰。其中,G 峰代表的是理想石墨晶体峰,D1、D2、D3 和 D4 峰是由 D 峰分峰拟合得出的,均属碳微晶的缺陷峰。对拟合谱得到的数据进行处理,结果列于表 8-3 中。多孔炭 MLP-PC-750 的 I_G/I_{all} 值为 7.27,低于 MLPR-PC-750 的 I_G/I_{all} 值 7.59,而 I_{D3}/I_{all} 值高于 MLPR-PC-750。表明与 MLPR-PC-750 相比,MLP-PC-750 无定形碳含量高,微晶结构的有序化程度低。

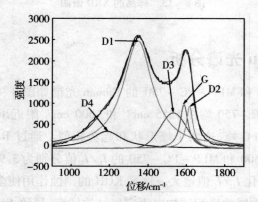

图 8-15 MLP-PC-750 的 Raman 分峰拟合谱图

表 8-3 MLP-PC-750 的 Raman 拟合参数

样品	整体区域					比例/%	
	I_{D1}	I_{D2}	I_{D3}	I_{D4}	I_G	I_G/I_{all}	I_{D3}/I_{all}
MLP-PC-750	701295.9	63878.8	141808.4	108928.6	79629.6	7.27	12.94

8.5.3 微观形貌分析

图 8-16 为 MLP-C-500 和 MLP-PC-750 的 SEM 图。MLP 经 500 ℃ 炭化的 MLP-C-500 样品表面未见孔隙,而经 KOH 活化的 MLP-PC-750 表面

具有类似"蜂窝状"的孔隙结构,这表明 KOH 活化过程与碳发生了刻蚀反应,从而起到了活化剂作用构建多孔结构。

图 8-16　(a)MLP-C-500 和(b)MLP-PC-750 的 SEM 图

8.5.4　沥青基多孔炭的孔结构分析

图 8-17 为 MLP-PC-750 的 N_2 吸附-脱附等温曲线与孔径分布。由图 8-17(a)可以看出,MLP-PC-750 的 N_2 吸附-脱附等温曲线呈现出类似 I 型的特征,在 $p/p_0 < 0.05$ 时,氮气的吸附量急剧增加,这代表大量的氮被迅速吸收并达到饱和,这是因为发生了微孔填充过程,表明材料存在大量的微孔。由图 8-17(b)可以知,MLP-PC-750 的孔径主要集中在 0.5~2 nm 之间,孔径分布的结果与 N_2 吸附-脱附等温曲线的结果基本一致。MLP-PC-750 的微孔占 74.65% 低于 MLPR-PC-750 的 82.55%,孔结构的差异直接影响两种炭材料的性能。多孔炭孔结构参数如表 8-4 所示。

▶ 铜

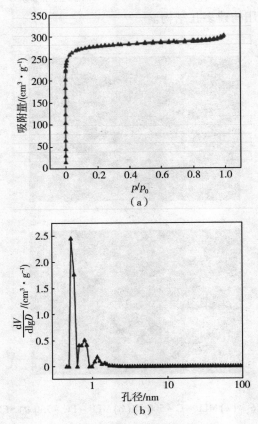

图 8-17 MLP-PC-750 的(a) N_2 吸附-脱附等温曲线和(b)孔径分布

表 8-4 多孔炭 MLP-PC-750 的孔结构参数

样品	S_{BET}/ $(m^2 \cdot g^{-1})$	V_{total}/ $(cm^3 \cdot g^{-1})$	微孔(<2 nm)			平均孔径/nm
			S_{micro}/ $(m^2 \cdot g^{-1})$	V_{micro}/ $(cm^3 \cdot g^{-1})$	$\dfrac{V_{micro}}{V_{total}}$/%	
MLP-PC-750	1109	0.4632	903	0.3458	74.65	1.67

8.5.5 多孔炭的超电性能研究

(1) 循环伏安测试

沥青基多孔炭材料MLP-PC-750的循环伏安曲线如图8-18所示。由图8-18(a)可以看出,MLP-PC-750的CV曲线呈近似矩形,表明MLP-PC-750具有双电层电容特征。MLP-PC-750的循环伏安曲线所围成的面积比MLPR-PC-750的略小,所以MLP-PC-750的质量比电容低于MLPR-PC-750的质量比电容。由图8-18(b)可以看出,当扫速从5 mV·s^{-1}增加到100 mV·s^{-1}时,循环伏安曲线出现了一定程度的变形,但仍保持良好的准矩形形状,说明在较高的扫速下,电解质离子仍然表现出快速的离子响应。

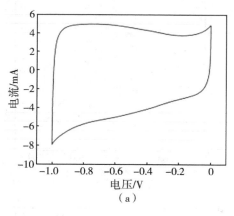

(a)

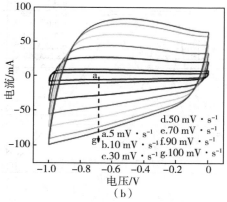

(b)

图8-18 MLP-PC-750的循环伏安曲线

(a) 扫速为5 mV·s^{-1};(b) 不同扫速下

▶ 铜

(2)恒流充放电测试

图 8-19 是多孔炭材料 MLP-PC-750 的恒流充放电曲线。由图 8-19(a)可以看出,MLPR-PC-750 的恒流充放电曲线呈近似对称的等腰三角形,说明 MLP-PC-750 同样具有良好的电化学可逆性能。但 MLP-PC-750 的充放电时间略短于 MLPR-PC-750 的充放电时间,说明 MLP-PC-750 的质量比电容低于 MLPR-PC-750 的质量比电容,这与循环伏安结果一致。图 8-19(b)为 MLP-PC-750 在不同电流密度下的恒流充放电曲线,随着电流密度的增加,MLP-PC-750 的比电容值减小,但充放电曲线仍保持良好的对称性,表明 MLP-PC-750 的充放电可逆性能保持良好。

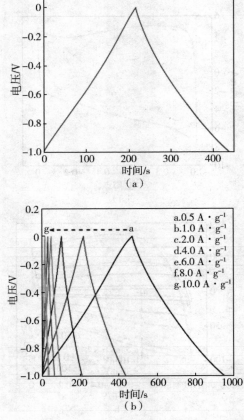

图 8-19 MLP-PC-750 的恒流充放电曲线

(a)电流密度为 $1.0\ A\cdot g^{-1}$;(b)不同电流密度

图 8-20 为多孔炭材料 MLP-PC-750 的倍率性能图,随着电流密度的增加,电极材料的比电容降低。当电流密度为 0.5 A·g^{-1} 时,多孔炭材料 MLP-PC-750 的比电容最大为 233.0 F·g^{-1},电流密度由 0.5 A·g^{-1} 增大到 10 A·g^{-1} 时,MLP-PC-750 电容保持率仍能维持在 78.2% 左右,与 MLPR-PC-750 的倍率性能相近。

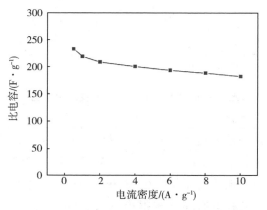

图 8-20　MLP-PC-750 的倍率性能图

(3) 交流阻抗测试

图 8-21 为多孔炭材料 MLP-PC-750 的 Nyquist 图,在低频区,曲线呈现近乎垂直于横轴的直线,说明电解质离子可以很容易到达表面,没有扩散限制,接近于理想双电层电容器电极材料的电容特性。图 8-21 插图显示,在高频区可以观察到凹陷的半圆,半圆直径较小,表明其电荷传输电阻较低;另外,MLP-PC-750 的等效串联电阻为 0.583 Ω,说明三电极测试体系中 MLP-PC-750 的等效串联电阻较小,与树脂基多孔炭电极材料 MLPR-PC-750 一样具有良好的导电性能。

▶ 铜

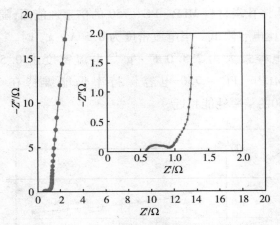

图 8-21　MLP-PC-750 的交流阻抗图

(4) 循环稳定性测试

在 10 A·g^{-1} 的电流密度下,对多孔炭材料 MLP-PC-750 进行了长周期恒电流循环充放电测试。如图 8-22 所示,MLP-PC-750 在循环 5000 次之后,其质量比电容的稳定性仍能保持在 98.6%,5000 次循环之后充放电曲线仍具有良好的对称性,充放电时间衰减很小,这充分证明了该电极材料具有良好的循环稳定性能,但与树脂基多孔炭电极材料的稳定性相比,沥青基多孔炭电极材料的稳定性略差。

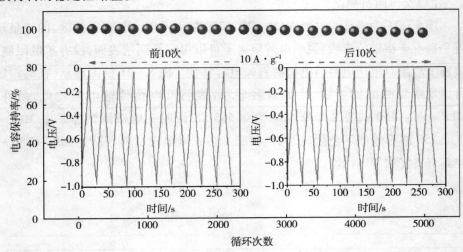

图 8-22　MLP-PC-750 在 10 A·g^{-1} 的电流密度下循环 5000 次的稳定性

8.6 本章小结

KOH 活化在一定程度上破坏了炭材料本身的微晶结构,活化温度的提升使得多孔炭材料结构更加无序,其微晶结构属于无定形碳兼含部分石墨碳微晶结构。N_2 吸附-脱附测试表明,KOH 活法制备的多孔炭材料的孔径分布主要以微孔为主,并含有一定量的介孔和大孔结构,微孔特别是小于 1 nm 的微孔更利于电解质离子积累和电荷的储存,从而提高炭材料的比电容。MLPR-PC-750 和 MLP-PC-750 均具有典型的双电层电容特性,充放电过程具有良好的电化学可逆性;电流密度为 0.5 $A·g^{-1}$ 时 MLPR-PC-750 和 MLP-PC-750 的质量比电容分别为 281.6 $F·g^{-1}$ 和 233.0 $F·g^{-1}$;两种多孔炭材料的等效串联电阻分别为 0.550 Ω 和 0.583 Ω,且在低频区域曲线几乎垂直于实轴;循环稳定性分析显示两种炭材料均具有良好的循环稳定性能。多孔炭材料 MLPR-PC-750 和 MLP-PC-750 均表现出良好的电化学性能,但 MLPR-PC-750 的电容特性优于 MLP-PC-750。以中低温煤沥青树脂为前驱体,采用化学活化法成功制备出了性能优异的多孔炭材料(质量比电容 281.6 $F·g^{-1}$),为中低温煤沥青高附加值利用提供了一条新途径。

参考文献

[1] LEE H Y, GOODENOUGH J B. Supercapacitor behavior with KCl electrolyte [J]. Journal of Solid State Chemistry, 1999, 144(1): 220-223.

[2] TAN D H S, CHEN Y-T, YANG H D, et al. Carbon-free high-loading silicon anodes enabled by sulfide solid electrolytes [J]. Science, 2021, 373(6562): 1494-1499.

[3] KAKHKI S, SHAMS E, BARSAN M M. Fabrication of carbon paste electrode containing a new inorganic-organic hybrid based on $[SiW_{12}O_{40}]^{4}$

ergy conversion and storage[J]. Chemical Society Reviews, 2013, 42(7): 3127-3171.

[9] ZHONG C, DENG Y D, HU W B. A review of electrolyte materials and compositions for electrochemical supercapacitors[J]. Chemical Society Reviews, 2015, 44(21): 7484-7539.

[10] WILSON A J, MCKEE V, PENFOLD B R, et al. Structure of tetrakis (dimethylammonium) β – octamolybdate bis (N, N – dimethylformamide), [NH_2(CH_3)$_2$]$_4$[Mo_8O_{26}]·2C_3H_7NO, with comments on relationships among octamolybdate anions[J]. Acta Crystallographica Section C: Crystal Structure Communications, 1984, 40(12): 2027-2030.

[11] FANG Y, XING C L, ZHAN S X, et al. A polyoxometalate – modified magnetic nanocomposite: A promising antibacterial material for water treatment [J]. Journal of Materials Chemistry B, 2019, 7(11): 1933-1944.

[12] SAITO R, DRESSELHAUS G, DRESSELHAUS M S. Electronic structure of double – layer graphene tubules[J]. Journal of Applied Physics, 1993, 73(2): 494-500.

[13] YING J, CHEN Y G, WANG X Y. A series of 0D to 3D anderson – type polyoxometalate – based compounds obtained under ambient and hydrothermal conditions[J]. CrystEngComm, 2019, 21(7): 1168-1179.

[14] LU K, LIEBMAN P, WU L C, et al. Ionothermal synthesis of five Keggin – type polyoxometalate – based metal – organic frameworks[J]. Inorganic Chemistry, 2019, 58(3): 1794-1805.

[15] XIA J L, CHEN F, LI J H, et al. Measurement of the quantum capacitance of graphene[J]. Nature Nanotechnology, 2009, 4(8): 505-509.

[16] STOLLER M D, PARK S, ZHU Y W, et al. Graphene – based ultracapacitors [J]. Nano Letters, 2008, 8(10): 3498-3502.

[17] CHEN S, ZHU J W, WU X D, et al. Graphene oxide – MnO_2 nanocomposites for supercapacitors[J]. ACS Nano, 2010, 4(5): 2822-2830.

[18] LI F H, SONG J F, YANG H F, et al. One – step synthesis of graphene/SnO_2 nanocomposites and its application in electrochemical supercapacitors[J].

Nanotechnology, 2009, 20(45): 455602.

[19] YU D S, DAI L M. Self-assembled graphene/carbon nanotube hybrid films for supercapacitors[J]. The Journal of Physical Chemistry Letters, 2010, 1(2): 467-470.

[20] YAN J, WEI T, ZHANG M L, et al. Fast and reversible surface redox reaction of graphene – MnO_2 composites as supercapacitor electrodes[J]. Carbon, 2010, 48(13): 3825-3833.

[21] TAN L C, GUO D X, LIU J Y, et al. In-situ calcination of polyoxometallate-based metal organic framework/reduced graphene oxide composites towards supercapacitor electrode with enhanced performance[J]. Journal of Electroanalytical Chemistry, 2019, 836: 112-117.

[22] DENG J, LI M M, WANG Y. Biomass-derived carbon: Synthesis and applications in energy storage and conversion[J]. Green Chemistry, 2016, 18(18): 4824-4854.

[23] GUO D X, SONG X M, LI B, et al. Oxygen enriched carbon with hierarchical porous structure derived from biomass waste for high-performance symmetric supercapacitor with decent specific capacity[J]. Journal of Electroanalytical Chemistry, 2019, 855: 113349.

[24] GUO D X, ZHANG L, SONG X M, et al. $NiCo_2O_4$ nanosheets grown on interconnected honeycomb-like porous biomass carbon for high performance asymmetric supercapacitors[J]. New Journal of Chemistry, 2018, 42(11): 8478-8484.

[25] DUBAL D P, KIM W B, LOKHANDE C D. Galvanostatically deposited Fe: MnO_2 electrodes for supercapacitor application[J]. Journal of Physics and Chemistry of Solids, 2012, 73(1): 18-24.

[26] DOMAILLE P J, HERVÉA G, TÉAZÉA A. Vanadium(V) substituted dodecatungstophosphates[J]. Inorganic Syntheses, 1990, 27: 96-104.

[27] ZHANG J, WANG A J, WANG Y J, et al. Heterogeneous oxidative desulfurization of diesel oil by hydrogen peroxide: Catalysis of an amphipathic hybrid material supported on SiO_2[J]. Chemical Engineering Journal, 2014, 100

(245): 65-70.

[28] CHI Y N, CUI F Y, LIN Z G, et al. Assembly of Cu/Ag – quinoxaline – polyoxotungstate hybrids: Influence of Keggin and Wells – Dawson polyanions on the structure [J]. Journal of Solid State Chemistry France, 2013, 199: 230-239.

[29] WU S J, KAN Q B, DING W L, et al. Partial oxidation of isobutane to methacrolein over $Te_{(1.5+0.5x)}PMo_{12}$

▶ 铜

[36] SUN Y H, XU J Q, YE L, et al. Hydrothermal synthesis and crystal structural characterization of two new modified polyoxometalates constructed of positive and negative metal oxo cluster ions[J]. Journal of molecular structure, 2005, 740(1): 193-201.

[37] CHENG H F, KAMEGAWA T, MORI K, et al. Surfactant-free nonaqueous synthesis of plasmonic molybdenum oxide nanosheets with enhanced catalytic activity for hydrogen generation from ammonia borane under visible light[J]. Angewandte Chemie International Edition, 2014, 53(11): 2910-2914.

[38] BOBER P, PFLEGER J, PAŠTI I A, et al. Carbogels: Carbonized conducting polyaniline/poly(vinyl alcohol) aerogels derived from cryogels for electrochemical capacitors [J]. Journal of Materials Chemistry A, 2019, 7(4): 1785-1796.

[39] NAOI K, SUEMATSU S, MANAGO A. Electrochemistry of poly(1,5-diaminoanthraquinone) and its application in electrochemical capacitor materials [J]. Journal of The Electrochemical Society, 2000, 147(2): 420.

[40] LOTA K, KHOMENKO V, FRACKOWIAK E. Capacitance properties of poly (3,4-ethylenedioxythiophene)/carbon nanotubes composites[J]. Journal of Physics and Chemistry of Solids, 2004, 65(2-3): 295-301.

[41] KIM J H, LEE Y S, SHARMA A K, et al. Polypyrrole/carbon composite electrodefor high-power electrochemical capacitors[J]. Electrochimica Acta, 2006, 52(4): 1727-1732.

[42] POPE M T, SADAKANE M, KORTZ U. Celebrating polyoxometalate chemistry[J]. European Journal of Inorganic Chemistry, 2019, 2019(3-4): 340-342.

[43] KEGGIN J F. The structure and formula of 12-phosphotungstic acid[J]. Proceedings of the Royal Society of London. Series A, Containing Papers of a Mathematical and Physical Character, 1934, 144(851): 75-100.

[44] DAWSON B. The structure of the 9(18)-heteropoly anion in potassium 9 (18)-tungstophosphate, $K_6(P_2W_{18}O_{62}) \cdot 14H_2O$[J]. Acta Crystallographica, 1953, 6(2): 113-126.

[45] ANDERSON J S. Constitution of the poly-acids[J]. Nature, 1937, 140 (3550): 850.

[46] TSAY T H, SILVERTON J V. The crystal structure of magnesium paratungstate, $Mg_5H_2W_{12}O_{42} \cdot 38H_2O$[J]. Zeitschrift für Kristallographie - Crystalline Materials, 1973, 137(4): 256-279.

[47] LINDQVIST I. A crystal structure investigation of the paramolybdate ion[J]. Arkiv For Kemi, 1950, 2(4): 325-341.

[48] MATSUMOTO K, KOBAYASHI A, SASAKI Y. The crystal structure of sodium molybdate dihydrate, $Na_2MoO_4 \cdot 2H_2O$[J]. Bulletin of the Chemical Society of Japan, 1975, 48(3): 1009-1013.

[49] YANG P, ZHAO W L, SHKURENKO A, et al. Polyoxometalate-cyclodextrin metal-organic frameworks: From tunable structure to customized storage functionality[J]. Journal of the American Chemical Society, 2019, 141(5): 1847-1851.

[50] LI C F, SUZUKI K, MIZUNO N, et al. Polyoxometalate LUMO engineering: A strategy for visible-light-responsive aerobic oxygenation photocatalysts [J]. Chemical communications, 2018, 54(52): 7127-7130.

[51] WANG H, HAMANAKA S, NISHIMOTO Y, et al. In operando X-ray absorption fine structure studies of polyoxometalate molecular cluster batteries: Polyoxometalates as electron sponges[J]. Journal of the American Chemical Society, 2012, 134(10): 4918-4924.

[52] KOZHEVNIKOV I V, MATVEEV K I. Homogeneous catalysts based on heteropoly acids[J]. Applied Catalysis, 1983, 5(2): 135-150.

[53] KEITA B, NADJO L, HAEUSSLER J P. Distribution of oxometalates on polymer-covered electrodes: Compared catalytic activity of these new polymers and the corresponding oxometalates in solution[J]. Journal of electroanalytical chemistry and interfacial electrochemistry, 1988, 243(2): 481-491.

[54] XU Q F, NIU Y J, WANG G, et al. Polyoxoniobates as a superior lewis base efficiently catalyzed Knoevenagel condensation[J]. Molecular Catalysis, 2018, 453: 93-99.

▶ 铜

[55] DUAN Y, CHAKRABORTY B, TIWARI C K, et al. Solution – state catalysis of visible light – driven water oxidation by macroanion – like inorganic complexes of γ – FeOOH nanocrystals [J]. ACS Catalysis, 2021, 11 (18): 11385 – 11395.

[56] GUILLÉN – LÓPEZ A, ESPINOSA – TORRES N D, CUENTAS – GALLEGOS A K, et al. Understanding bond formation and its impact on the capacitive properties of SiW_{12} polyoxometalates adsorbed on functionalized carbon nanotubes [J]. Carbon, 2018, 130: 623 – 635.

[57] WANG Y G, ZHANG X G. All solid – state supercapacitor with phosphotungstic acid as the proton – conducting electrolyte [J]. Solid State Ionics, 2004, 166(1 – 2): 61 – 67.

[58] LIAN K, LI C M. Heteropoly acid electrolytes for double – layer capacitors and pseudocapacitors [J]. Electrochemical and Solid – State Letters, 2008, 11 (9): 158 – 162.

[59] CHEN H Y, WEE G, AL – OWEINI R, et al. A polyoxovanadate as an advanced electrode material for supercapacitors [J]. ChemPhysChem, 2014, 15 (10): 2162 – 2169.

[60] YAMADA A, GOODENOUGH J B. Keggin – type heteropolyacids as electrode materials for electrochemical supercapacitors [J]. Journal of the Electrochemical Society, 1998, 145(3): 737 – 743.

[61] EL – KADY M F, SHAO Y L, KANER R B. Graphene for batteries, supercapacitors and beyond [J]. Nature Reviews Materials, 2016, 1(7): 1 – 14.

[62] BONACCORSO F, COLOMBO L, YU G H, et al. Graphene, related two – dimensional crystals, and hybrid systems for energy conversion and storage [J]. Science, 2015, 347(6217): 1246501.

[63] CUENTAS – GALLEGOS A K, MARTINES – ROSALES R, BAIBARAC M, et al. Electrochemical supercapacitors based on novel hybrid materials made of carbon nanotubes and polyoxometalates [J]. Electrochemistry Communications, 2007, 9(8): 2088 – 2092.

[64] SKUNIK M, CHOJAK M, RUTKOWSKA I A, et al. Improved capacitance

characteristics during electrochemical charging of carbon nanotubes modified with polyoxometallate monolayers[J]. Electrochimica Acta, 2008, 53(11): 3862 – 3869.

[65] PARK S J, LIAN K, GOGOTSI Y. Pseudocapacitive behavior of carbon nanoparticles modified by phosphomolybdic acid[J]. Journal of the Electrochemical Society, 2009, 156(11): A921 – A926.

[66] GURVINDER B, TAHMINA A, LIAN K. Polyoxometalates modified carbon nanotubes for electrochemical capacitors[J]. ECS Transactions, 2011, 35(25): 31 – 37.

[67] AKTER T, HU K, LIAN K. Investigations of multilayer polyoxometalates – modified carbon nanotubes for electrochemical capacitors[J]. Electrochim. Acta, 2011, 56(14): 4966 – 4971.

[68] RUIZ V, SUAREZ – GUEVARA J, GOMEZ – ROMERO P. Hybrid electrodes based on polyoxometalate – carbon materials for electrochemical supercapacitors[J]. Electrochemistry Communications, 2012, 24: 35 – 38.

[69] KO J M, KIM K M. Electrochemical properties of MnO_2/activated carbon nanotube composite as an electrode material for supercapacitor[J]. Materials Chemistry and Physics, 2009, 114(2 – 3): 837 – 841.

[70] SOSNOWSKA M, GORAL – KURBIEL M, SKUNIK – NUCKOWSKA M, et al. Hybrid materials utilizing polyelectrolyte – derivatized carbon nanotubes and vanadium – mixed addenda heteropolytungstate for efficient electrochemical charging and electrocatalysis[J]. Journal of Solid State Electrochemistry, 2013, 17: 1631 – 1640.

[71] SUÁREZ – GUEVARA J, RUIZ V, GÓMEZ – ROMERO P. Stable graphene – polyoxometalate nanomaterials for application in hybrid supercapacitors[J]. Physical Chemistry Chemical Physics, 2014, 16(38): 20411 – 20414.

[72] GENOVESE M, LIAN K. Pseudocapacitive behavior of Keggin type polyoxometalate mixtures[J]. Electrochemistry communications, 2014, 43: 60 – 62.

[73] SUÁREZ – GUEVARA J, RUIZ V, GOMEZ – ROMERO P. Hybrid energy storage: high voltage aqueous supercapacitors based on activated carbon – phos-

photungstate hybrid materials[J]. Journal of Materials Chemistry A, 2014, 2 (4): 1014 – 1021.

[74] DUBAL D P, SUAREZ – GUEVARA J, TONTI D, et al. A high voltage solid state symmetric supercapacitor based on graphene – polyoxometalate hybrid electrodes with a hydroquinone doped hybrid gel – electrolyte[J]. Journal of Materials Chemistry A, 2015, 3(46): 23483 – 23492.

[75] GENOVESE M, FOONG Y W, LIAN K. Designing polyoxometalate based layer – by – layer thin films on carbon nanomaterials for pseudocapacitive electrodes [J]. Journal of the Electrochemical Society, 2015, 162 (5): A5041 – A5046.

[76] CHEN H Y, AL – OWEINI R, FRIEDL J, et al. A novel SWCNT – polyoxometalate nanohybrid material as an electrode for electrochemical supercapacitors [J]. Nanoscale, 2015, 7(17): 7934 – 7941.

[77] HU C C, ZHAO E B, NITTA N, et al. Aqueous solutions of acidic ionic liquids for enhanced stability of polyoxometalate – carbon supercapacitor electrodes[J]. Journal of Power Sources, 2016, 326: 569 – 574.

[78] GENOVESE M, FOONG Y W, LIAN K. The unique properties of aqueous polyoxometalate (POM) mixtures and their role in the design of molecular coatings for electrochemical energy storage[J]. Electrochimica Acta, 2016, 199 (1): 261 – 269.

[79] ZHANG H T, ZHANG X, ZHANG D C, et al. One – step electrophoretic deposition of reduced graphene oxide and Ni(OH)$_2$ composite films for controlled syntheses supercapacitor electrodes[J]. The Journal of Physical Chemistry B, 2013, 117(6): 1616 – 1627.

[80] DUBAL D P, CHODANKAR N R, VINU A, et al. Asymmetric supercapacitors based on reduced graphene oxide with different polyoxometalates as positive and negative electrodes[J]. ChemSusChem, 2017, 10(13): 2742 – 2750.

[81] JOVANOVIĆ Z, HOLCLAJTNER – ANTUNOVIĆ I, BAJUK – BOGDANOVIĆ D, et al. Effect of thermal treatment on the charge storage properties of graphene oxide/12 – tungstophosphoric acid nanocomposite[J]. Electrochemistry

Communications, 2017, 83: 36 – 40.

[82] GENOVESE M, LIAN K. Polyoxometalate modified pine cone biochar carbon for supercapacitor electrodes[J]. Journal of materials chemistry A, 2017, 5(8): 3939 – 3947.

[83] MAITY S, VANNATHAN A A, KUMAR K, et al. Enhanced power density of graphene oxide – phosphotetradecavanadate nanohybrid for supercapacitor electrode[J]. Journal of Materials Engineering and Performance, 2021, 30(2): 1371 – 1377.

[84] GÓMEZ – ROMERO P, CHOJAK M, CUENTAS – GALLEGOS K, et al. Hybrid organic – inorganic nanocomposite materials for application in solid state electrochemical supercapacitors[J]. Electrochemistry Communications, 2003, 5(2): 149 – 153.

[85] WHITE A M, SLADE R C T. Polymer electrodes doped with heteropolymetallates and their use within solid – state supercapacitors[J]. Synthetic metals, 2003, 139(1): 123 – 131.

[86] WHITE A M, SLADE R C T. Investigation of vapour – grown conductive polymer/heteropolyacid electrodes [J]. Electrochim. Acta, 2003, 48 (18): 2583 – 2588.

[87] WHITE A M, SLADE R C T. Electrochemically and vapour grown electrode coatings of poly (3,4 – ethylenedioxythiophene) doped with heteropolyacids [J]. Electrochimica Acta, 2004, 49(6): 861 – 865.

[88] CUENTAS – GALLEGOS A K, LIRA – CANT M, CASAÑ – PASTOR N. Nanocomposite hybrid molecular materials for application in solid – state electrochemical supercapacitor [J]. Advanced Functional Materials, 2005, 15(7): 1125 – 1133.

[89] VAILLANT J, LIRA – CANTU M, CUENTAS – GALLEGOS K, et al. Chemical synthesis of hybrid materials based on PAni and PEDOT with polyoxometalates for electrochemical supercapacitors[J]. Progress in Solid State Chemistry, 2006, 34(2 – 4): 147 – 159.

[90] SUPPES G M, DEORE B A, FREUND M S. Porous conducting polymer/het-

eropolyoxometalate hybrid material for electrochemical supercapacitor applications[J]. Langmuir, 2008, 24(3): 1064-1069.

[91] SUPPES G M, CAMERON C G, FREUND M S. A polypyrrole/phosphomolybdic acid | poly(3,4-ethylenedioxythiophene)/phosphotungstic acid asymmetric supercapacitor[J]. Journal of the Electrochemical Society, 2010, 157(9): A1030-A1034.

[92] YANG M H, HONG S B, YOON J H. Fabrication of flexible, redoxable, and conductive nanopillar arrays with enhanced electrochemical performance[J]. ACS Applied Materials and Interfaces, 2016, 8(34): 22220-22226.

[93] HERRMANN S, AYDEMIR N, NÄGELE F, et al. Enhanced capacitive energy storage in polyoxometalate-doped polypyrrole[J]. Advanced Functional Materials, 2017, 27(25): 1700881.

[94] DUBAL D P, BALLESTEROS B, MOHITE A A, et al. Functionalization of polypyrrole nanopipes with redox-active polyoxometalates for high energy density supercapacitors[J]. ChemSusChem, 2017, 10(4): 731-737.

[95] CUI Z M, GUO C X, YUAN W Y, et al. In situ synthesized heteropoly acid/polyaniline/graphene nanocomposites to simultaneously boost both double layer- and pseudo-capacitance for supercapacitors[J]. Physical Chemistry Chemical Physics, 2012, 14(37): 12823-12828.

[96] BAIBARAC M, BALTOG I, FRUNZA S, et al. Single-walled carbon nanotubes functionalized with polydiphenylamine as active materials for applications in the supercapacitors field[J]. Diamond and related materials, 2013, 32: 72-82.

[97] CHEN Y Y, HAN M, TANG Y J, et al. Polypyrrole-polyoxometalate/reduced graphene oxide ternary nanohybrids for flexible, all-solid-state supercapacitors[J]. Chemical Communications, 2015, 51(62): 12377-12380.

[98] WANG H N, ZHANG M, ZHANG A M, et al. Polyoxometalate-based metal-organic frameworks with conductive polypyrrole for supercapacitors[J]. ACS Applied Materials and Interfaces, 2018, 10(38): 32265-32270.

[99] YANG M, CHOI B G, JUNG S C, et al. Polyoxometalate-coupled graphene

via polymeric ionic liquid linker for supercapacitors[J]. Advanced Functional Materials, 2014, 24(46): 7301-7309.

[100] GENOVESE M, LIAN K. Ionic liquid-derived imidazolium cation linkers for the layer-by-layer assembly of polyoxometalate-MWCNT composite electrodes with high power capability[J]. ACS applied materials and interfaces, 2016, 8(29): 19100-19109.

[101] ZHANG Y D, LIN B P, SUN Y, et al. MoO_2@Cu@C composites prepared by using polyoxometalates@metal-organic frameworks as template for all-solid-state flexible supercapacitor[J]. Electrochimica Acta, 2016, 188: 490-498.

[102] ZHANG Y D, LIN B P, WANG J C, et al. Polyoxometalates@metal-organic frameworks derived porous MoO_3@CuO as electrodes for symmetric all-solid-state supercapacitor[J]. Electrochimica Acta, 2016, 191: 795-804.

[103] WANG G N, CHEN T T, LI S B, et al. A coordination polymer based on dinuclear (pyrazinyl tetrazolate) copper(ii) cations and Wells-Dawson anions for high-performance supercapacitor electrodes[J]. Dalton Transsctions, 2017, 46(40): 13897-13902.

[104] WANG G N, CHEN T T, WANG X M, et al. High-performance supercapacitor afforded by a high-connected keggin-based 3D coordination polymer [J]. European Journal of Inorganic Chemistry, 2017, 45: 5350-5355.

[105] ROY S, VEMURI V, MAITI S, et al. Two keggin-based isostructural POMOF hybrids: Synthesis, crystal structure, and catalytic properties[J]. Inorganic Chemistry, 2018, 57(19): 12078-12092.

[106] DU N N, GONG L G, FAN L Y, et al. Nanocomposites containing keggin anions anchored on pyrazine-based frameworks for use as supercapacitors and photocatalysts[J]. ACS Applied Nano Materials, 2019, 2(5): 3039-3049.

[107] HOU Y, CHAI D F, LI B, et al. Polyoxometalate-incorporated metallacalixarene@graphene composite electrodes for high-performance supercapacitor[J]. ACS applied materials and interfaces, 2019, 11(23):

20845-20853.

[108] ABAZARI R, SANATI S, MORSALI A, et al. Ultrafast post-synthetic modification of a pillared cobalt (ii)-based metal - organic framework via sulfurization of its pores for high-performance supercapacitors[J]. Journal of materials chemistry A, 2019, 7(19): 11953-11966.

[109] LIU X Z, CUI L P, YU K, et al. Cu/Ag complex modified Keggin-type coordination polymers for improved electrochemical capacitance, dual-function electrocatalysis, and sensing performance[J]. Inorganic Chemistry, 2021, 60(18): 14072-14082.

[110] LI Y M, HAN X, YI T F, et al. Review and prospect of $NiCo_2O_4$-based composite materials for supercapacitor electrodes [J]. Journal of Energy Chemistry, 2019, 31: 54-78.

[111] BULLER S, STRUNK J. Nanostructure in energy conversion[J]. Journal of Energy Chemistry, 2016, 25(2): 171-190.

[112] ZHANG G X, XIAO X, LI B, et al. Transition metal oxides with one-dimensional/one-dimensional-analogue nanostructures for advanced supercapacitors[J]. Journal of Materials Chemistry A, 2017, 5(18): 8155-8186.

[113] KAKARLA A K, NARSIMULU D, YU J S. Two-dimensional porous $NiCo_2O_4$ nanostructures for use as advanced high-performance anode material in lithium-ion batteries[J]. Journal of Alloys and Compounds, 2021, 886: 161224.

[114] SHINDE S K, KARADE S S, MAILE N C, et al. Synthesis of 3D nanoflower-like mesoporous $NiCo_2O_4$ N-doped CNTs nanocomposite for solid-state hybrid supercapacitor: efficient material for the positive electrode[J]. Ceramics International, 2021, 47(22): 31650-31665.

[115] AKHTAR A, DI W, LIU J, et al. The detection of ethanol vapors based on a p-type gas sensor fabricated from heterojunction MoS_2-$NiCo_2O_4$[J]. Materials Chemistry and Physics, 2022, 282: 125964.

[116] LEE D U, PARK M G, PARK H W, et al. Highly active and durable nanocrystal-decorated bifunctional electrocatalyst for rechargeable Zinc-air bat-

teries[J]. ChemSusChem, 2015, 8(18): 3129-3138.

[117] FU D J, ZHU Z Y, GAO S J, et al. Hollow Co/NC@ NiCo$_2$O$_4$ spheres as highly efficient bifunctional oxygen electrocatalysts for rechargeable Zinc-air batteries[J]. Energy and Fuels, 2023, 37(15): 11319-11331.

[118] HU C, GONG J, WANG J, et al. Composites of NiMoO$_4$@ Ni-Co LDH@ NiCo$_2$O$_4$ on Ni foam with a rational microscopic morphology for high-performance asymmetric supercapacitors[J]. Journal of Alloys and Compounds, 2022, 902: 163749.

[119] MA C C, WANG W, WANG Q, et al. Facile synthesis of BTA@ NiCo$_2$O$_4$ hollow structure for excellent microwave absorption and anticorrosion performance[J]. Journal of Colloid and Interface Science, 2021, 594: 604-620.

[120] YANG R, BAI X F, GUO X F, et al. Hierarchical NiCo$_2$O$_4$ nanostructured arrays decorated over the porous Ni/C as battery-type electrodes for supercapacitors[J]. Applied Surface Science, 2022, 586: 152574.

[121] WANG J W, MA Y X, KANG X Y, et al. A novel moss-like 3D Ni-MOF for high performance supercapacitor electrode material[J]. Journal of Solid State Chemistry, 2022, 309: 122994.

[122] ZHANG X Y, MA Q Q, LIU X F, et al. A turn-off Eu-MOF@ Fe^{2+} sensor for the selective and sensitive fluorescence detection of bromate in wheat flour[J]. Food Chemistry, 2022, 382: 132379.

[123] DU H T, KONG R M, QU F L, et al. Enhanced electrocatalysis for alkaline hydrogen evolution by Mn do** in a Ni$_3$S$_2$ nanosheet array[J]. Chemical communications, 2018, 54(72): 10100-10103.

[124] ESKANDARI M, SHAHBAZI N, MARCOS A V, et al. Facile MOF-derived NiCo$_2$O$_4$/r-Go nanocomposites for electrochemical energy storage applications[J]. Journal of Molecular Liquids, 2022, 348: 118428.

[125] YANG H, LIU Y, SUN X, et al. MOFs assisted construction of Ni@ NiO$_x$/C nanosheets with tunable porous structure for high performance supercapacitors[J]. Journal of Alloys and Compounds, 2022, 903: 163993.

[126] YONG P, WANG S, ZHANG X, et al. MOFs-derived Co-doped In$_2$O$_3$

hollow hexagonal cylinder for selective detection of ethanol[J]. Chemical Physics Letters, 2022, 795: 139517.

[127] LI Z, SONG M, ZHU W, et al. MOF – derived hollow heterostructures for advanced electrocatalysis[J]. Coordination Chemistry Reviews, 2021, 439: 213946.

[128] LIU Y, MA Z L, XIN N, et al. High – performance supercapacitor based on highly active P – doped one – dimension/two – dimension hierarchical $NiCo_2O_4/NiMoO_4$ for efficient energy storage[J]. Journal of Colloid and Interface Science, 2021, 601: 793 – 802.

[129] LIN J H, YAN Y T, XU T X, et al. S doped $NiCo_2O_4$ nanosheet arrays by Ar plasma: An efficient and bifunctional electrode for overall water splitting[J]. Journal of Colloid and Interface Science, 2020, 560: 34 – 39.

[130] WANG H W, YI H, CHEN X, et al. Asymmetric supercapacitors based on nano – architectured nickel oxide/graphene foam and hierarchical porous nitrogen – doped carbon nanotubes with ultrahigh – rate performance[J]. Journal of Materials Chemistry A, 2014, 2(9): 3223 – 3230.

[131] LI W, YANG F, HU Z, et al. Template synthesis of C@ $NiCo_2O_4$ hollow microsphere as electrode material for supercapacitor[J]. Journal of Alloys and Compounds, 2018, 749: 305 – 312.

[132] BOOPATHIRAJA R, PARTHIBAVARMAN M. Desert rose like heterostructure of $NiCo_2O_4$/NF@ PPy composite has high stability and excellent electrochemical performance for asymmetric super capacitor application[J]. Electrochimica Acta, 2020, 346: 136270.

[133] CHEN J D, MA T T, CHEN M, et al. Porous $NiCo_2O_4$@ Ppy core – shell nanowire arrays covered on carbon cloth for flexible all – solid – state hybrid supercapacitors[J]. Journal of Energy Storage, 2020, 32: 101895.

[134] WANG X H, FANG Y, SHI B, et al. Three – dimensional $NiCo_2O_4$@ $NiCo_2O_4$ core – shell nanocones arrays for high – performance supercapacitors [J]. Chemical Engineering Journal, 2018, 344: 311 – 319.

[135] WANG S X, ZOU Y J, XU F, et al. Morphological control and electrochemi-

cal performance of NiCo$_2$O$_4$@ NiCo layered double hydroxide as an electrode for supercapacitors[J]. Journal of Energy Storage, 2021, 41: 102862.

[136] CAVANI F, TRIFIRÒ F, VACCARI A. Hydrotalcite – type anionic clays: Preparation, properties and applications[J]. Catalysis Today, 1991, 11(2): 173 – 301.

[137] PAUSCH I, LOHSE H H, SCHÜRMANN K, et al. Syntheses of disordered and Al – rich hydrotalcite – like compounds[J]. Clays and Clay Minerals, 1986, 34: 507 – 510.

[138] WANG X L, ZHANG J Q, YANG S B, et al. Interlayer space regulating of NiMn layered double hydroxides for supercapacitors by controlling hydrothermal reaction time[J]. Electrochimica Acta, 2019, 295: 1 – 6.

[139] ZHANG H, USMAN TAHIR M, YAN X L, et al. Ni – Al layered double hydroxide with regulated interlayer spacing as electrode for aqueous asymmetric supercapacitor[J]. Chemical Engineering Journal, 2019, 368: 905 – 913.

[140] XIAO Z Y, MEI Y J, YUAN S, et al. Controlled hydrolysis of metal – organic frameworks: Hierarchical Ni/Co – layered double hydroxide microspheres for high – performance supercapacitors[J]. ACS Nano, 2019, 13(6): 7024 – 7030.

[141] JI Y C, HUANG L J, HU J, et al. Polyoxometalate – functionalized nanocarbon materials for energy conversion, energy storage and sensor systems[J]. Energy and Environmental Science, 2015, 8(3): 776 – 789.

[142] LEE J H, PARK N, KIM B G, et al. Restacking – inhibited 3D reduced graphene oxide for high performance supercapacitor electrodes[J]. ACS Nano, 2013, 7(10): 9366 – 9374.

[143] MENG X R, SONG Y L, HOU H W, et al. Hydrothermal syntheses, crystal structures, and characteristics of a series of Cd – btx coordination polymers (btx = 1,4 – bis (triazol – 1 – ylmethyl) benzene)[J]. Inorg. Chem., 2004, 43(11): 3528 – 3536.

[144] WANG X L, LI J, TIAN A X, et al. Assembly of three Ni^{ii} – bis (triazole) complexes by exerting the linkage and template roles of Keggin anions[J].

Crystal Growth and Design, 2011, 11(8): 3456-3462.

[145] LAN Y Q, WANG X L, SHAO K Z, et al. Supramolecular isomerism with polythreaded topology based on $[Mo_8O_{26}]^{4-}$ isomers[J]. Inorganic Chemistry, 2008, 47(2): 529-534.

[146] WANG X L, HU H L, LIU G C, et al. Self-assembly of nanometre-scale metallacalix[4]arene building blocks and Keggin units to a novel (3,4)-connected 3D self-penetrating framework[J]. Chemical communications, 2010, 46(35): 6485-6487.

[147] WANG X L, ZHAO D, TIAN A X, et al. A series of 3D $PW_{12}O_{40}^{3-}$-based Agi-bis(triazole) complexes containing different multinuclear loops: Syntheses, structures and properties[J]. CrystEngComm, 2013, 15(22): 4516-4526.

[148] LI S B, ZHANG L, O'HALLORAN K P, et al. An unprecedented 3D POM-MOF based on (7,8)-connected twin Wells-Dawson clusters: Synthesis, structure, electrocatalytic and photocatalytic properties[J]. Dalton Transactions, 2015, 44(5): 2062-2065.

[149] CHEN H L, DING Y, XU X X, et al. Structural characterization of two lanthanide compounds based on polyoxometalate building units[J]. Journal of Coordination Chemistry, 2009, 62(3): 347-357.

[150] NIU H, YANG X, JIANG H, et al. Hierarchical core-shell heterostructure of porous carbon nanofiber@ $ZnCo_2O_4$ nanoneedle arrays: Advanced binder-free electrodes for all-solid-state supercapacitors[J]. Journal of Materials Chemistry A, 2015, 3(47): 24082-24094.

[151] LI G F, ANDERSON L, CHEN Y N, et al. New insights into evaluating catalyst activity and stability for oxygen evolution reactions in alkaline media[J]. Sustainable Energy and Fuels, 2018, 2(1): 237-251.

[152] JIAN X M, TU J P, QIAO Y Q, et al. Synthesis and electrochemical performance of $LiVO_3$ cathode materials for lithium ion batteries[J]. Journal of Power Sources, 2013, 236(15): 33-38.

[153] TANG Y F, CHEN T, YU S X, et al. A highly electronic conductive cobalt

nickel sulphide dendrite/quasi-spherical nanocomposite for a supercapacitor electrode with ultrahigh areal specific capacitance[J]. Journal of Power Sources, 2015, 295(1): 314-322.

[154] LU F, ZHOU M, LI W R, et al. Engineering sulfur vacancies and impurities in $NiCo_2S_4$ nanostructures toward optimal supercapacitive performance[J]. Nano Energy, 2016, 26: 313-323.

[155] LIN J H, LIU Y L, WANG Y H, et al. Rational construction of nickel cobalt sulfide nanoflakes on CoO nanosheets with the help of carbon layer as the battery-like electrode for supercapacitors[J]. Journal of Power Sources, 2017, 362(15): 64-72.

[156] LIU T Y, FINN L, YU M H, et al. Polyaniline and polypyrrole pseudocapacitor electrodes with excellent cycling stability[J]. Nano Letters, 2014, 14(5): 2522-2527.

[157] DONG S J, XI X D, TIAN M. Study of the electrocatalytic reduction of nitrite with silicotungstic heteropolyanion[J]. Journal of Electroanalytical Chemistry, 1995, 385(2): 227-233.

[158] HAYASHI K, TAKAHASHI M, NOMIYA K. Novel Ti—O—Ti bonding species constructed in a metal-oxide cluster[J]. Dalton Transactions, 2005, 23: 3751-3756.

[159] SEENIVASAN H, BERA P, BALARAJU J N, et al. XPS characterization and microhardness of heat treated Co—W coatings electrodeposited with gluconate bath[J]. Advanced Science Focus, 2013, 1(3): 262-268.

[160] RENSMO H, WESTERMARK K, SÖDERGREN S, et al. XPS studies of Ru-polypyridine complexes for solar cell applications[J]. Journal of Chemical Physics, 1999, 111(6): 2744-2750.

[161] GROSVENOR A P, BIESINGER M C, SMART R S C, et al. New interpretations of XPS spectra of nickel metal and oxides[J]. Surface science, 2006, 600(9): 1771-1779.

[162] CHENG L, PACEY G E, COX J A. Preparation and electrocatalytic applications of a multilayer nanocomposite consisting of phosphomolybdate and poly

(amidoamine)[J]. Electrochimica Acta, 2001, 46(26): 4223-4228.

[163] YUAN L, QIN C, WANG X L, et al. Two extended organic-inorganic assemblies based on polyoxometalates and copper coordination polymers with mixed 4,4'-bipyridine and 2,2'-bipyridine ligands[J]. European Journal of Inorganic Chemistry, 2008, 2008(31): 4936-4942.

[164] LIU W, NIU H, YANG J, et al. Ternary transition metal sulfides embedded in graphene nanosheets as both the anode and cathode for high-performance asymmetric supercapacitors[J]. Chemistry of Materials, 2018, 30(3): 1055-1068.

[165] BENDI R, KUMAR V, BHAVANASI V, et al. Metal organic framework-derived metal phosphates as electrode materials for supercapacitors[J]. Advanced Energy Materials, 2016, 6(3): 1501833.

[166] YILMAZ G, YAM K M, ZHANG C, et al. In situ transformation of mofs into layered double hydroxide embedded metal sulfides for improved electrocatalytic and supercapacitive performance[J]. Advanced Materials, 2017, 29(26): 1606814.

[167] QU C, ZHANG L, MENG W, et al. MOF-derived α-NiS nanorods on graphene as an electrode for high-energy-density supercapacitors[J]. Journal of Materials Chemistry A, 2018, 6(9): 4003-4012.

[168] PARK K S, NI Z, CÔTÉ A P, et al. Exceptional chemical and thermal stability of zeolitic imidazolate frameworks[J]. Proceedings of the National Academy of Sciences, 2006, 103(27): 10186-10191.

[169] JIANG H, MA J, LI C Z. Hierarchical porous $NiCo_2O_4$ nanowires for high-rate supercapacitors[J]. Chemical Communications, 2012, 48(37): 4465-4467.

[170] DU J, LIU L, HU Z P, et al. Order mesoporous carbon spheres with precise tunable large pore size by encapsulated self-activation strategy[J]. Advanced Functional Materials, 2018, 28(33): 1802332.

[171] KANNAN P K, HU C, MORGAN H, et al. One-step electrodeposition of $NiCo_2O_4$ nanosheets on patterned platinum electrodes for non-enzymatic glu-

cose sensing [J]. Chemistry, An Asian Journal, 2016, 11 (12): 1837-1841.

[172] WEI C, HUANG Y, XUE S S, et al. One-step hydrothermal synthesis of flaky attached hollow-sphere structure $NiCo_2O_4$ for electrochemical capacitor application[J]. Chemical Engineering Journal, 2017, 317: 873-881.

[173] PENG T, QIAN Z Y, WANG J, et al. Construction of mass-controllable mesoporous $NiCo_2O_4$ electrodes for high performance supercapacitors[J]. Journal of Materials Chemistry A, 2014, 2(45): 19376-19382.

[174] DU H, LEI J, XIANG K, et al. Facile synthesis of $NiCo_2O_4$ nanosheets with oxygen vacancies for aqueous zinc-ion supercapacitors[J]. Journal of Alloys and Compounds, 2022, 896: 162925.

[175] ZENG Y X, LAI Z Z, HAN Y, et al. Oxygen-vacancy and surface modulation of ultrathin nickel cobaltite nanosheets as a high-energy cathode for advanced Zn-ion batteries[J]. Advanced Materials, 2018, 30(33): 1802396.

[176] WEI S, WAN C C, ZHANG L L, et al. N-doped and oxygen vacancy-rich $NiCo_2O_4$ nanograss for supercapacitor electrode[J]. Chemical Engineering Journal, 2022, 429: 132242.

[177] CHEN S, HUANG D M, LIU D Y, et al. Hollow and porous $NiCo_2O_4$ nanospheres for enhanced methanol oxidation reaction and oxygen reduction reaction by oxygen vacancies engineering[J]. Applied Catalysis B: Environmental, 2021, 291: 120065.

[178] WEI K Y, ZHANG F, YANG Y, et al. Oxygenated N-doped porous carbon derived from ammonium alginate: Facile synthesis and superior electrochemical performance for supercapacitor[J]. Journal of Energy Storage, 2022, 51: 104342.1-104342.12.

[179] CAO Z Z, LIU C H, HUANG Y X, et al. Oxygen-vacancy-rich $NiCo_2O_4$ nanoneedles electrode with poor crystallinity for high energy density all-solid-state symmetric supercapacitors[J]. Journal of Power Sources, 2020, 449: 227571.

▶ 铜

[180] HOU L Q, YANG W, XU X W, et al. In-situ formation of oxygen-vacancy-rich $NiCo_2O_4$/nitrogen-deficient graphitic carbon nitride hybrids for high-performance supercapacitors[J]. Electrochimica Acta, 2020, 340: 135996.

[181] WANG L, LI S K, HUANG F Z, et al. Interface modification of hierarchical Co_9S_8@NiCo layered dihydroxide nanotube arrays using polypyrrole as charge transfer layer in flexible all-solid asymmetric supercapacitors[J]. Journal of Power Sources, 2019, 439: 227103.

[182] JABEEN N, XIA Q Y, YANG M, et al. Unique core-shell nanorod arrays with polyaniline deposited into mesoporous $NiCo_2O_4$ support for high-performance supercapacitor electrodes[J]. ACS Applied Materials and Interfaces, 2016, 8(9): 6093-6100.

[183] LI Y Y, TANG F, WANG R J, et al. Novel dual-ion hybrid supercapacitor based on a $NiCo_2O_4$ nanowire cathode and MoO_2-C nanofilm anode[J]. ACS Applied Materials and Interfaces, 2016, 8(44): 30232-30238.

[184] VENKATACHALAM V, ALSALME A, ALGHAMDI A, et al. Hexagonal-like $NiCo_2O_4$ nanostructure based high-performance supercapacitor electrodes[J]. Ionics, 2017, 23(4): 977-984.

[185] LI B L, SUN Q Q, YANG R R, et al. Simple preparation of graphene-decorated $NiCo_2O_4$ hollow nanospheres with enhanced performance for supercapacitor[J]. Journal of Materials Science: Materials in Electronics, 2018, 29(9): 7681-7691.

[186] MAO J W, HE C H, QI J Q, et al. An asymmetric supercapacitor with mesoporous $NiCo_2O_4$ nanorod/graphene composite and N-doped graphene electrodes[J]. Journal of Electronic Materials, 2018, 47(1): 512-520.

[187] JIU H F, JIANG L Y, GAO Y Y, et al. Synthesis of three-dimensional graphene aerogel-supported $NiCo_2O_4$ nanowires for supercapacitor application[J]. Ionics, 2019, 25(9): 4325-4331.

[188] RASHTI A, LU X E, DOBSON A, et al. Tuning mof-derived Co_3O_4/$NiCo_2O_4$ nanostructures for high-performance energy storage[J]. ACS Ap-

plied Energy Materials, 2021, 4(2): 1537 – 1547.

[189] ZHANG N, XU C, WANG H, et al. Assembly of the hierarchical MnO_2@$NiCo_2O_4$ core – shell nanoflower for supercapacitor electrodes[J]. Journal of Materials Science: Materials in Electronics, 2021, 32(2): 1787 – 1799.

[190] LIU Y, LIU P, QIN W, et al. Laser modification – induced $NiCo_2O_4 - \delta$ with high exterior Ni^{3+}/Ni^{2+} ratio and substantial oxygen vacancies for electrocatalysis[J]. Electrochimica Acta, 2019, 297: 623 – 632.

[191] YAN D, WANG W, LUO X, et al. $NiCo_2O_4$ with oxygen vacancies as better performance electrode material for supercapacitor[J]. Chemical Engineering Journal, 2018, 334: 864 – 872.

[192] CUI H, YAO C F, CANG Y, et al. Oxygen vacancy – regulated TiO_2 nanotube photoelectrochemical sensor for highly sensitive and selective detection of tetracycline hydrochloride[J]. Sensors and Actuators B: Chemical, 2022, 359: 131564.

[193] ZHANG X S, JIAN W B, ZHAO L, et al. Direct carbonization of sodium lignosulfonate through self – template strategies for the synthesis of porous carbons toward supercapacitor applications[J]. Colloids and Surfaces A: Physicochemical and Engineering Aspects, 2022, 636: 128191.

[194] MA Y Z, YU Z X, LIU M M, et al. Deposition of binder – free oxygen – vacancies $NiCo_2O_4$ based films with hollow microspheres via solution precursor thermal spray for supercapacitors[J]. Ceramics International, 2019, 45(8): 10722 – 10732.

[195] ZHANG Y B, WANG B, LIU F, et al. Full synergistic contribution of electrodeposited three – dimensional $NiCo_2O_4$ @ MnO_2 nanosheet networks electrode for asymmetric supercapacitors [J]. Nano Energy, 2016, 27: 627 – 637.

[196] LI J, WEI M, CHU W, et al. High – stable α – phase NiCo double hydroxide microspheres via microwave synthesis for supercapacitor electrode materials [J]. Chemical Engineering Journal, 2017, 316: 277 – 287.

[197] PI W B, MEI T, LI J, et al. Durian – like NiS_2 @ rGo nanocomposites and

their enhanced rate performance[J]. Chemical Engineering Journal, 2018, 335: 275-281.

[198] ZHENG Y Y, XU J, YANG X S, et al. Decoration $NiCo_2S_4$ nanoflakes onto Ppy nanotubes as core-shell heterostructure material for high-performance asymmetric supercapacitor[J]. Chemical Engineering Journal, 2018, 333: 111-121.

[199] ZHOU C X, GAO T T, WANG Y J, et al. Synthesis of P-doped and NiCo-hybridized graphene-based fibers for flexible asymmetrical solid-state micro-energy storage device[J]. Small, 2019, 15(1): 1803469.

[200] ZHU Y R, WU Z B, JING M J, et al. Porous $NiCo_2O_4$ spheres tuned through carbon quantum dots utilised as advanced materials for an asymmetric supercapacitor[J]. Journal of Materials Chemistry A, 2015, 3(2): 866-877.

[201] HE X J, MA H, WANG J X, et al. Porous carbon nanosheets from coal tar for high-performance supercapacitors[J]. Journal of Power Sources, 2017, 357: 41-46.

[202] DEHGHANI M H, KAMALIAN S, SHAYEGHI M, et al. High-performance removal of diazinon pesticide from water using multi-walled carbon nanotubes[J]. Microchemical Journal, 2019, 145: 486-491.

[203] ZHONG C G, CAO Q, XIE X L, et al. Preparation of pitch-based carbon materials using a template and an orthogonal array design for super capacitors [J]. Micro and Nano Letters, 2014, 9(12): 927-931.

[204] WANG J C, KASKEL S. KOH activation of carbon-based materials for energy storage[J]. Journal of Materials Chemistry, 2012, 22(45): 23710-23725.

[205] AN G-H, KIM H, AHN H-J. Surface functionalization of nitrogen-doped carbon derived from protein as anode material for lithium storage[J]. Applied Surface Science, 2019, 463: 18-26.

[206] RANTITSCH G, BHATTACHARYYA A, SCHENK J, et al. Assessing the quality of metallurgical coke by raman spectroscopy[J]. International Journal of Coal Geology, 2014, 130: 1-7.

[207] TIAN B, LI P F, LI D W, et al. Preparation of micro-porous monolithic ac-

tivated carbon from anthracite coal using coal tar pitch as binder[J]. Journal of Porous Materials, 2018, 25(4): 989 – 997.

[208] KANG W W, LIN B P, HUANG G X, et al. Peanut bran derived hierarchical porous carbon for supercapacitor[J]. Journal of Materials Science: Materials in Electronics, 2018, 29(8): 6361 – 6368.

[209] NI G S, QIN F F, GUO Z Y, et al. Nitrogen – doped asphaltene – based porous carbon fibers as supercapacitor electrode material with high specific capacitance[J]. Electrochimica Acta, 2020, 330: 135270.

[210] ZHANG D D, HE C, WANG Y Z, et al. Oxygen – rich hierarchically porous carbons derived from pitch – based oxidized spheres for boosting the supercapacitive performance[J]. Journal of Colloid and Interface Science, 2019, 540: 439 – 447.

[211] ZHANG L, XU L, ZHANG Y G, et al. Facile synthesis of bio – based nitrogen – and oxygen – doped porous carbon derived from cotton for supercapacitors[J]. RSC Advances, 2018, 8(7): 3869 – 3877.

[212] CAO S, YANG J X, LI J, et al. Preparation of oxygen – rich hierarchical porous carbon for supercapacitors through the co – carbonization of pitch and biomass[J]. Diamond and Related Materials, 2019, 96: 118 – 125.

[213] PENG L, LIANG Y R, DONG H W, et al. Super – hierarchical porous carbons derived from mixed biomass wastes by a stepwise removal strategy for high – performance supercapacitors[J]. Journal of Power Sources, 2018, 377: 151 – 160.